JN006808

多変数の微積分

酒井文雄 著

共立出版

「数学のかんどころ」
刊行にあたって

　数学は過去，現在，未来にわたって不変の真理を扱うものであるから，誰でも容易に理解できてよいはずだが，実際には数学の本を読んで細部まで理解することは至難の業である．線形代数の入門書として数学の基本を扱う場合でも著者の個性が色濃くでるし，読者はさまざまな学習経験をもち，学習目的もそれぞれ違うので，自分にあった数学書を見出すことは難しい．山は1つでも登山道はいろいろあるが，登山者にとって自分に適した道を見つけることは簡単でないのと同じである．失敗をくり返した結果，最適の道を見つけ登頂に成功すればよいが，無理した結果諦めることもあるであろう．

　数学の本は通読すら難しいことがあるが，そのかわり最後まで読み通し深く理解したときの感動は非常に深い．鋭い喜びで全身が包まれるような幸福感にひたれるであろう．

　本シリーズの著者はみな数学者として生き，また数学を教えてきた．その結果えられた数学理解の要点（極意と言ってもよい）を伝えるように努めて書いているので読者は数学のかんどころをつかむことができるであろう．

　本シリーズは，共立出版から昭和50年代に刊行された，数学ワンポイント双書の21世紀版を意図して企画された．ワンポイント双書の精神を継承し，ページ数を抑え，テーマをしぼり，手軽に読める本になるように留意した．分厚い専門のテキストを辛抱強く読み通すことも意味があるが，薄く，安価な本を気軽に手に取り通読して自分の心にふれる個所を見つけるような読み方も現代的で悪くない．それによって数学を学ぶコツが分かればこれは大きい収穫で一生の財産と言

えるであろう.

　「これさえ摑めば数学は少しも怖くない，そう信じて進むといいで
すよ」と読者ひとりびとりを励ましたいと切に思う次第である.

編集委員会と著者一同を代表して

飯高　茂

序　文

　自然現象や社会現象の多くは多変数の関数で記述される．座標 x と時間 t の関数 $f(x, t)$，あるいは空間座標 (x, y, z) の関数 $f(x, y, z)$ などである．このような多変数の関数を考察する数学の一つが多変数の微積分であり，極値問題や重積分計算などを扱うアイデアやノウハウが多く集積されている．図形的には，平面 $\mathbf{R}^2$ や空間 $\mathbf{R}^3$ 内のいろいろな曲線や曲面が登場し，ダイナミックで豊かな数学的風景が広がっている．

　本書は次のような点に留意して執筆した．

(1)　1 変数の微積分の基礎知識は一応学んでいることを想定している．基本的な微分や積分の公式，平均値の定理，グラフの描画などである．

(2)　証明や例題にはなるべく図を入れるようにした．直感的な理解が容易になっていれば幸いである．図の作成には数式処理ソフト Maple を用いた．

(3)　主として，2 変数の関数を扱うことにした．2 変数の関数を理解するための新しい工夫の多くはそのまま 3 変数以上の関数にも通用する．

(4)　まずは微積分の豊かさや面白さを味わって欲しいと考え，実数の基本性質に遡る論証のコアな部分は最終章にまとめた．一様連続性やダルブーの定理などである．

登場する主な数学者

ラグランジュ
(Lagrange, 1736–1813)

コーシー
(Cauchy, 1777–1855)

グリーン
(Green, 1793–1841)

ワイエルシュトラス
(Weierstrass, 1815–1897)

リーマン
(Riemann, 1826–1866)

ダルブー
(Darboux, 1842–1917)

多変数の微積分は，ベクトル解析，微分幾何，複素関数論，微分方程式など多くの分野と関連がある．本シリーズにも澤野 [13]（ベクトル解析），國分 [7]（微分幾何）および，新井 [2]（複素関数論）があることを付記しておく．

最後に，本書執筆をお勧めいただいた飯高茂先生（学習院大学名誉教授）に心から感謝の意を表したい．また，本書の出版に際していろいろとお世話いただいた共立出版の三浦拓馬さんに厚くお礼を申し上げたい．

2019 年 8 月　さいたま市にて

酒井文雄

目　次

序　文　v

第 1 章　多変数の関数 ……………………………………………… 1

1.1　2 変数関数　2

1.2　極限，連続関数　4

1.3　平面の位相　9

1.4　n 次元空間　12

第 2 章　偏微分と全微分 ……………………………………… 19

2.1　偏微分　20

2.2　全微分　22

2.3　合成関数の微分・偏微分，平均値の定理　27

2.4　方向微分，勾配ベクトル　30

2.5　高次偏微分　32

2.6　3 変数以上の関数　37

第 3 章　極値問題 …………………………………………………… 43

3.1　極値　44

3.2　陰関数　50

3.3　ラグランジュ乗数法　55

3.4　最大値・最小値　59

3.5　ヤコビ行列式　62

第4章　重積分　69

4.1　長方形上の重積分　70

4.2　一般の図形上の重積分　80

4.3　面積　87

4.4　変数変換　89

4.5　広義重積分　95

4.6　3重積分　100

第5章　線積分と面積分　107

5.1　なめらかな曲線　108

5.2　曲線の長さと関数の線積分　114

5.3　グリーンの定理　119

5.4　ベクトル場　126

5.5　空間内の曲面　131

5.6　なめらかな曲面と接平面　134

5.7　曲面の表面積　136

第6章　証明とその背景　143

6.1　数列の極限　144

6.2　実数の基本性質　146

6.3　連続関数の性質　149

6.4　ダルブーの定理　159

6.5　積分可能性の証明　167

問題解答　　173
関連図書　　183
索　　引　　185

第 1 章

多変数の関数

　1 変数関数は変数 x の値に応じて，ただ一つの値 $f(x)$ を対応させる規則のことであった．2 変数関数は二つの変数 x, y の値に応じて，ただ一つの値 $f(x, y)$ を対応させる規則のことである．同様に，3 変数関数 $f(x, y, z)$ やさらに n 変数関数 $f(x_1, \ldots, x_n)$ も定義される．

　例えば，三辺が x, y, z の三角形

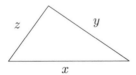

の面積はヘロンの公式により，

$$D = \{(x, y, z) \in \mathrm{R}^3 \mid x + y > z,\ y + z > x,$$
$$x + z > y\}$$

で定義された次の 3 変数関数で表される．

$$\frac{1}{4}\sqrt{(x + y + z)(x + y - z)(y + z - x)(x + z - y)}$$

1.1　2変数関数

平面 $\mathbf{R}^2$ 内の部分集合 D で定義された 2 変数関数 $f(x, y)$ を考える. 集合 D は $f(x, y)$ の定義域（domain）と呼ばれる. この関数のグラフ（graph）

$$\{(x, y, f(x, y)) \in \mathbf{R}^3 \mid (x, y) \in D\}$$

は通常，空間 $\mathbf{R}^3$ 内の曲面になる. 例えば，2 次関数 $x^2 - y^2$ のグラフは次のような形をしている.

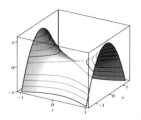

図 1-1　グラフ $z = x^2 - y^2$

グラフの形状を知るのに，等高線グラフが役立つ. これは，いろいろな k に対する平面 $z = k$ による切り口の曲線（等高線）を集めたものである. 山岳地図や天気図などではお馴染みである.

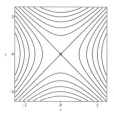

図 1-2　関数 $x^2 - y^2$ の等高線グラフ

例 1.1

　2変数関数のグラフと等高線グラフを例示する．高さが等間隔の場合，等高線が密なところほど傾斜がきつい．

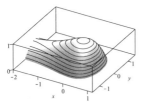 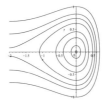

図 1-3　$1 - x^2 e^x - y^2$

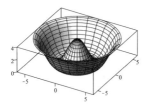 

図 1-4　$2(1 + \cos(\sqrt{x^2 + y^2})),\ D = \{(x, y) \mid \sqrt{x^2 + y^2} \leq 2\pi\}$

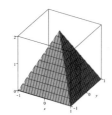 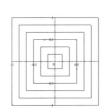

図 1-5　$2 - |x + y| - |x - y|,\ D = \{(x, y) \mid |x| \leq 1, |y| \leq 1\}$

問題 1.1

　次の関数の等高線グラフの概形を描け．

　(1)　$x + 2y$　　(2)　$\log(x^2 + y^2)$　　(3)　$y^2 - x^3$

1.2　極限，連続関数

　平面上の点 (x,y) が点 (a,b) に限りなく近づくとは，$(x,y) \neq (a,b)$ であって，それらの距離

$$d((x,y),(a,b)) = \sqrt{(x-a)^2 + (y-b)^2}$$

が限りなく 0 に近づくことをいう．これを $(x,y) \to (a,b)$ と表す．

　関数 $f(x,y)$ の定義域を D とする．$(x,y) \to (a,b)$ のとき[1]，$f(x,y)$ が α に**収束**するとは，D に属する (x,y) について，(x,y) が (a,b) に限りなく近づくとき，どのような近づき方であっても，$f(x,y)$ が限りなく α に近づくことをいう．記号では

$$\lim_{(x,y) \to (a,b)} f(x,y) = \alpha$$

と表し，$f(x,y)$ の**極限**（limit）は α であるという．

　ただし，証明が必要な場合には，コーシー（Cauchy, 1789-1857）による次の厳密な定義が必要になる．

　『任意の正数 ε に対して，正数 δ が存在して，

$$0 < d((x,y),(a,b)) < \delta,\ (x,y) \in D \text{ であれば，} |f(x,y) - \alpha| < \varepsilon$$

が成立する．』

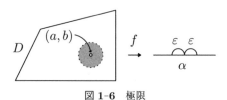

図 1-6　極限

---

1)　点 (a,b) は D に含まれていても，含まれていなくてもよい．

注意 1.2

　注意すべきは，平面の場合，(x, y) が (a, b) に近づくといっても，無数の近づき方が存在することである．どの方向からでも，真っ直ぐに近づく，あるいは曲がりながら近づくなど，いろいろな近づき方が可能である．

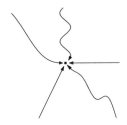

図 1-7　いろいろな近づき方

例 1.3

原点 $(0, 0)$ の外で定義された関数

$$f(x, y) = \frac{xy}{x^2 + y^2}$$

の場合，(x, y) が直線 $y = ax$ に沿って原点 $(0, 0)$ に近づくときの極限は $\dfrac{a}{1 + a^2}$ になるので，$f(x, y)$ の原点における極限は存在しない．

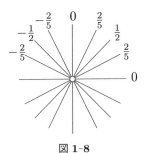

図 1-8

例 1.4

　同じく，原点の外で定義された関数

$$f(x,y) = \frac{x^2 y}{x^4 + y^2}$$

の場合，(x,y) が直線 $y = ax$ に沿って原点に近づくときの極限
は a の値によらず 0 であるが，放物線 $y = ax^2$ に沿って原点に
近づくときの極限は $\dfrac{a}{1+a^2}$ になる．したがって，$f(x,y)$ の原点
における極限は存在しない．

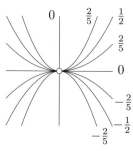

図 1-9

定理 1.5　**極限の性質**

　関数 $f(x,y)$, $g(x,y)$ について，

$$\lim_{(x,y)\to(a,b)} f(x,y) = \alpha, \qquad \lim_{(x,y)\to(a,b)} g(x,y) = \beta$$

とするとき，1 変数関数の場合と同様に，次が成立する．

(1)　$\displaystyle \lim_{(x,y)\to(a,b)} \{f(x,y) + g(x,y)\} = \alpha + \beta$

(2)　$\displaystyle \lim_{(x,y)\to(a,b)} f(x,y)g(x,y) = \alpha\beta$

(3)　$\displaystyle \lim_{(x,y)\to(a,b)} \frac{f(x,y)}{g(x,y)} = \frac{\alpha}{\beta}$　（ただし，$g(x,y) \neq 0$, $\beta \neq 0$）

[証明]　(1) 任意の正数 ε に対して，$\delta_1 > 0$ および $\delta_2 > 0$ が存在し

て，$0 < d((x,y),(a,b)) < \delta_1$ であれば，$|f(x,y) - \alpha| < \dfrac{\varepsilon}{2}$ が成立し，また，$0 < d((x,y),(a,b)) < \delta_2$ であれば，$|g(x,y) - \alpha| < \dfrac{\varepsilon}{2}$ が成立する．そこで，$\delta = \min\{\delta_1, \delta_2\}$ とおくと，$0 < d((x,y),(a,b)) < \delta$ のとき，次が成立する．

$$|(f+g) - (\alpha + \beta)| \leq |f - \alpha| + |g - \beta| < \varepsilon$$

(2) 任意の正数 ε に対して，$\varepsilon_1, \varepsilon_2$ を次のように定める．

$$\varepsilon_1 = \min\left\{\frac{\varepsilon}{3(|\beta| + 1)}, \frac{\varepsilon}{3}\right\}, \quad \varepsilon_2 = \min\left\{\frac{\varepsilon}{3(|\alpha| + 1)}, 1\right\}$$

そこで，$\delta > 0$ を十分小さくとると，$0 < d((x,y),(a,b)) < \delta$ であれば，$|f(x,y) - \alpha| < \varepsilon_1$ かつ $|g(x,y) - \beta| < \varepsilon_2$ が成立する．このとき，さらに，次が成立する．

$$|fg - \alpha\beta| \leq |f - \alpha||g - \beta| + |\alpha||g - \beta| + |\beta||f - \alpha|$$
$$< \varepsilon_1\varepsilon_2 + |\alpha|\varepsilon_2 + |\beta|\varepsilon_1 < \frac{\varepsilon}{3} + \frac{\varepsilon}{3} + \frac{\varepsilon}{3} = \varepsilon$$

(3) 等式

$$\lim_{(x,y) \to (a,b)} \frac{1}{g(x,y)} = \frac{1}{\beta}$$

を示す．(2) と併せて，(3) が従う．任意の正数 ε に対して，

$$\varepsilon_1 = \min\left\{\frac{\varepsilon|\beta|^2}{2}, \frac{|\beta|}{2}\right\}$$

とすると，$\delta > 0$ が存在して，$0 < d((x,y),(a,b)) < \delta$ であれば，$|g(x,y) - \beta| < \varepsilon_1$ が成立する．このとき，$||g| - |\beta|| \leq |g - \beta| < \dfrac{|\beta|}{2}$ であり，$|g| > \dfrac{|\beta|}{2}$ となる．よって，不等式

$$\left|\frac{1}{g} - \frac{1}{\beta}\right| = \frac{|\beta - g|}{|\beta||g|} < \varepsilon$$

が成立する． $\qquad\qquad\qquad\qquad\qquad\qquad\qquad\qquad$ □

問題 1.2

次の極限が存在するかどうか判定せよ.

$$(1) \quad \lim_{(x,y)\to(0,0)} \frac{xy}{\sqrt{x^2+y^2}} \qquad (2) \quad \lim_{(x,y)\to(0,0)} \frac{x^2-y^2}{x^2+y^2}$$

定義 1.6

関数 $f(x,y)$ が点 (a,b) で**連続** (continuous) であるとは,

$$\lim_{(x,y)\to(a,b)} f(x,y) = f(a,b)$$

が成立することをいう. D で定義された関数 $f(x,y)$ が D の各点で連続のとき, $f(x,y)$ は D で**連続**であるという.

　例えば, 多項式関数は連続関数である. また, 有理関数は分母が 0 にならないところでは連続である (定理 1.5 の系).

補題 1.7

　関数 $f(x,y)$ は $(a.b)$ で連続とする. 1 変数関数 $\varphi(t)$ と $\psi(t)$ が t_0 で連続で, $(\varphi(t_0), \psi(t_0)) = (a,b)$ であれば, 合成関数 $g(t) = f(\varphi(t), \psi(t))$ は t_0 で連続である.

[証明]　任意の正数 ε に対し, $\tilde{\delta} > 0$ が存在して, $d((x,y),(a,b)) < \tilde{\delta}$ であれば, $|f(x,y) - f(a,b)| < \varepsilon$ が成立する. いま, $\varphi(t)$, $\psi(t)$ は t_0 で連続だから, $\delta > 0$ を十分小さくとれば, $|t - t_0| < \delta$ のとき,

$$|\varphi(t) - \varphi(t_0)| < \frac{\tilde{\delta}}{\sqrt{2}} \quad \text{かつ} \quad |\psi(t) - \psi(t_0)| < \frac{\tilde{\delta}}{\sqrt{2}}$$

が成立する. このとき, $d((\varphi(t), \psi(t)), (a,b)) < \tilde{\delta}$ となるので,

$$|g(t) - g(t_0)| = |f((\varphi(t), \psi(t)) - f(a,b)| < \varepsilon$$

が成立し, $g(t)$ は t_0 で連続である.　　　□

1.3 平面の位相

平面 $\mathbf{R}^2$ の部分集合について考察する．点 $P = (a, b)$ と $r > 0$ に
対して，

$$B_r(P) = \{(x, y) \mid d((x, y), (a, b)) < r\}$$

とおき，点 P 中心の r-開円板（open disk）と呼ぶ．

図 1-10 開円板

$\mathbf{R}^2$ の部分集合 X を考える．X の点 P は $B_\varepsilon(P) \subset X$ となる正
数 ε が存在するとき，X の内点（interior point）であるという．X
の内点全体の集合を X の内部（interior）と呼ぶ．

また，点 $P \in \mathbf{R}^2$ は，どんな正数 ε に対しても，$B_\varepsilon(P) \cap X \neq \emptyset$
かつ $B_\varepsilon(P) \cap X^c \neq \emptyset$ となるとき，X の境界点（boundary point）
であるという．ここで，X^c は X の補集合（complement）$\mathbf{R}^2 \setminus X$
を表す．さらに，X の境界点全体の集合を X の境界（boundary）
と呼び，∂X で表す．定義から，$\partial(X^c) = \partial X$ である．

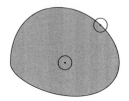

図 1-11 内点と境界点

$U \subset \mathbf{R}^2$ が開集合（open set）であるとは，U に属するどの点 P

も U の内点になることをいう．また，$F \subset \mathbf{R}^2$ が**閉集合**（closed set）であるとは，$\partial F \subset F$ となることをいう．とくに，$\mathbf{R}^2$ およ び，空集合 $\emptyset$ は開集合かつ閉集合である．

命題 1.8

U が開集合である必要十分条件は補集合 $F = U^c$ が閉集合 になることである．

[証明]　F が閉集合であるための条件 $\partial F \subset F$ は $\partial F = \partial U$ に注意 すると，条件 $\partial U \subset U^c$ と同値である．これは U が開集合であるた めの条件でもある．実際，$P \in U$ のとき，次の同値関係が成立する． $P \notin \partial U \iff$ ある正数 ε が存在して，$B_\varepsilon(P) \cap U^c = \emptyset \iff P$ は U の内点である．　　　　　　　　　　　　　　　　　　　　　□

定義 1.9

$\mathbf{R}^2$ の部分集合 $X \neq \emptyset$ が**有界**（bounded）であるとは，正 数 r が存在して，$X \subset B_r(O)$ となることをいう（O は原点）．

次の定理は第 6 章で証明する．

定理 1.10　**最大値・最小値の存在定理**

有界閉集合 $X \subset \mathbf{R}^2$ 上の連続関数 $f(x,y)$ には最大値およ び，最小値が存在する．

問題 1.3

$X, Y \subset \mathbf{R}^2$ について，次を示せ．
(1)　$\partial(X \cup Y) \subset \partial X \cup \partial Y$
(2)　$\partial(X \cap Y) \subset \partial X \cup \partial Y$

$D \subset \mathbf{R}^2$ で定義された関数 f_1, f_2 は D から $\mathbf{R}^2$ への写像

$$\Phi : D \ni (x,y) \to (f_1(x,y), f_2(x,y)) \in \mathbf{R}^2$$

を定義する．とくに，f_1, f_2 が連続関数のとき，Φ は**連続写像**であるという．なお，f_i を写像 Φ の第 i 成分関数と呼び，$\Phi = (f_1, f_2)$ と表す．

補題 1.11

　開集合 $D \subset \mathbf{R}^2$ で定義された写像 $\Phi : D \to \mathbf{R}^2$ が連続写像である必要十分条件は任意の開集合 $U \subset \mathbf{R}^2$ に対して，

$$\Phi^{-1}(U) = \{P \in D \,|\, \Phi(P) \in U\}$$

が開集合になることである．

[証明]　$\Phi = (f_1, f_2)$ とする．

　(必要条件) 任意の点 $P \in \Phi^{-1}(U)$ をとる．U は開集合だから，$B_\varepsilon(\Phi(P)) \subset U$ となる正数 ε がある．D は開集合で，いま，f_1, f_2 は連続関数だから，$\delta > 0$ が存在して，$d(Q, P) < \delta$ のとき，

$$|f_i(Q) - f_i(P)| < \frac{\varepsilon}{\sqrt{2}} \qquad (i = 1, 2)$$

が成立する．このとき，$\Phi(Q) \in B_\varepsilon(\Phi(P)) \subset U$ である．したがって，$B_\delta(P) \subset \Phi^{-1}(U)$ となり，$\Phi^{-1}(U)$ は開集合である．

　(十分条件) 任意の点 $P \in D$ をとり，ε を任意の正数とする．このとき，$\Phi^{-1}(B_\varepsilon(\Phi(P)))$ は開集合だから，$\delta > 0$ が存在して，$B_\delta(P) \subset \Phi^{-1}(B_\varepsilon(\Phi(P)))$ となる．よって，$d(Q, P) < \delta$ のとき，

$$|f_i(Q) - f_i(P)| \leq d(\Phi(Q), \Phi(P)) < \varepsilon \qquad (i = 1, 2)$$

が成立するので，f_1, f_2 は D 上の連続関数である．　　　　□

問題 1.4

　連続写像 $\Phi : \mathbf{R}^2 \to \mathbf{R}^2$ と連続写像 $\Psi : \mathbf{R}^2 \to \mathbf{R}^2$ の合成写像 $\Psi \circ \Phi : \mathbf{R}^2 \to \mathbf{R}^2$ も連続写像であることを示せ.

1.4　n 次元空間

　n 変数関数の定義域は **n 次元空間**

$$\mathbf{R}^n = \{(x_1, \ldots, x_n) \mid x_i \in \mathbf{R}\}$$

の部分集合になる. 点 $Q = (x_1, \ldots, x_n)$ と点 $P = (a_1, \ldots, a_n)$ との距離は

$$d(Q, P) = \sqrt{(x_1 - a_1)^2 + \cdots + (x_n - a_n)^2}$$

で定義する. $D \subset \mathbf{R}^n$ で定義された関数 $f(x_1, \ldots, x_n)$ について, 点 Q が点 P に近づくときの**収束**（convergence）

$$\lim_{Q \to P} f(Q) = \alpha$$

の厳密な定義は『任意の正数 ε に対して, $\delta > 0$ が存在して,

$$0 < d(Q, P) < \delta, \, Q \in D \quad \text{であれば}, \, |f(Q) - \alpha| < \varepsilon$$

が成立する.』となる. また, f が点 P において連続であるとは

$$\lim_{Q \to P} f(Q) = f(P)$$

となることである. これらは 2 変数関数の場合と同様である.

例 1.12

原点 $(0,0,0)$ の外で定義された 3 変数関数

$$f(x,y,z) = \frac{z^2}{x^2+y^2+z^2}$$

の原点における極限は存在しない. 例えば, (x,y,z) が直線 $x = az, y = bz$ 上で原点に近づくときの極限は $\dfrac{1}{a^2+b^2+1}$ である.

$\mathbf{R}^n$ についても, 平面 $\mathbf{R}^2$ の場合と同様に開集合や閉集合が定義される. 点 $P \in \mathbf{R}^n$ と正数 r に対して,

$$B_r(P) = \{Q \in \mathbf{R}^n \mid d(Q,P) < r\}$$

を P 中心の r-開球 (open ball) と呼ぶ (平面のときは, 開円板と呼んだ). $U \subset \mathbf{R}^n$ が開集合である条件は, 任意の点 $P \in U$ に対して, $B_\varepsilon(P) \subset U$ となる $\varepsilon > 0$ が存在することである.

例題 1.13

$P', P'' \in \mathbf{R}^n, P = (P', P'') \in \mathbf{R}^{2n}$ に対し, 次を示せ.

$$B_r(P) \subset B_r(P') \times B_r(P'') \subset B_{\sqrt{2}r}(P)$$

図 1-12　開球の包含関係

[解] $Q', Q'' \in \mathbf{R}^n, Q = (Q', Q'') \in \mathbf{R}^{2n}$ とすると, 不等式

$$\max\{d(Q',P'), d(Q'',P'')\} \leq d(Q,P) = \sqrt{d(Q',P')^2 + d(Q'',P'')^2}$$

が成立する．包含関係はこれから容易に得られる．

命題 1.14 **開集合の性質**

(1) 有限個の開集合 $U_1, \ldots, U_n$ の共通部分 $U_1 \cap \cdots \cap U_n$ は開集合である．

(2) 開集合の族 U_λ, $\lambda \in \Lambda$ について，和集合 $\bigcup_{\lambda \in \Lambda} U_\lambda$ は開集合である．

[証明] (1) $U = U_1 \cap \cdots \cap U_n$ とおき，$P \in U$ とすると，すべての i について，$P \in U_i$ であり，$B_{\varepsilon_i}(P) \subset U_i$ となる $\varepsilon_i > 0$ が存在する．そこで，$\varepsilon = \min_i\{\varepsilon_i\}$ とおくと，$B_\varepsilon(P) \subset U$ となり，U は開集合である．

(2) $U = \bigcup_\lambda U_\lambda$ とおき，$P \in U$ とすると，ある λ について，$P \in U_\lambda$ となる．このとき，$B_\varepsilon(P) \subset U_\lambda$ となる $\varepsilon > 0$ が存在し，$B_\varepsilon(P) \subset U$ となるので，U は開集合である． $\square$

問題 1.5 **閉集合の性質**

閉集合に関する次の性質を示せ．

(1) 有限個の閉集合 $F_1, \ldots, F_n$ の和集合 $F_1 \cup \cdots \cup F_n$ は閉集合である．

(2) 閉集合の族 F_λ, $\lambda \in \Lambda$ について，共通部分 $\bigcap_{\lambda \in \Lambda} F_\lambda$ は閉集合である．

補題 1.15

$f(x_1, \ldots, x_n)$ を開集合 $D \subset \mathbf{R}^n$ 上の連続関数とする．

(1) $U = \{P \in D \,|\, f(P) > 0\}$ と $V = \{P \in D \,|\, f(P) < 0\}$ は開集合である．

(2) $F = \{P \in D \,|\, f(P) = 0\}$ は閉集合である．

[証明] (1) $U \neq \emptyset$ とし，点 $P \in U$ をとる．D は開集合で，関数 f は P で連続だから，$\delta > 0$ が存在して，$d(Q, P) < \delta$ ならば，

$$Q \in D \quad \text{かつ} \quad |f(Q) - f(P)| < f(P)$$

が成立し，$f(Q) > 0$ となるので，$B_\delta(P) \subset U$ である．よって，U は開集合である．同様にして，V が開集合であることもわかる．

(2) $U \cup V$ は開集合だから，命題 1.8（$\mathbf{R}^n$ でも成立）により，その補集合 F は閉集合である． □

例 1.16

球面 $S = \{(x, y, z) \in \mathbf{R}^3 \mid x^2 + y^2 + z^2 = 1\}$ は閉集合である．

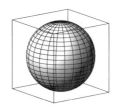

図 1-13 球面

定義 1.17

部分集合 $X \subset \mathbf{R}^n$ とその境界の和集合 $\overline{X} = X \cup \partial X$ を X の**閉包**（closure）と呼ぶ．

補題 1.18

$X, Y \subset \mathbf{R}^n$ について，次が成立する．
(1) 閉包 $\overline{X}$ は閉集合である．
(2) $X \subset Y$ ならば，$\overline{X} \subset \overline{Y}$ である．

[証明]　(1) $\partial\overline{X} \subset \partial X$ を示す. $P \in \partial\overline{X}$ とすると, 任意の正数 ε に対し, $B_\varepsilon(P) \cap \overline{X} \neq \emptyset$ かつ $B_\varepsilon(P) \cap \overline{X}^c \neq \emptyset$ である. $\overline{X}^c \subset X^c$ だから, $B_\varepsilon(P) \cap X^c \neq \emptyset$ である. よって, もし, $P \notin \partial X$ であれば, $B_\varepsilon(P) \cap X = \emptyset$ となる ε がある. そのとき, $\overline{X} = X \cup \partial X$ だから, $Q \in B_\varepsilon(P) \cap \partial X$ が存在し, 任意の $\delta > 0$ について, $B_\delta(Q) \cap X \neq \emptyset$ である. とくに,

$$\delta < \varepsilon - d(P, Q) \text{ のとき, } B_\delta(Q) \subset B_\varepsilon(P)$$

であり, $B_\varepsilon(P) \cap X \neq \emptyset$ となるので, 矛盾である.

(2) $P \in \overline{X}$ とし, $P \notin \overline{Y}$ と仮定する. このとき, $P \in \partial X \cap \overline{Y}^c$ で, 任意の正数 ε に対し, $B_\varepsilon(P) \cap X \neq \emptyset$ である. よって,

$$B_\varepsilon(P) \cap \overline{Y} \neq \emptyset \text{ かつ } B_\varepsilon(P) \cap \overline{Y}^c \neq \emptyset$$

が成立して, $P \in \partial\overline{Y} \subset \overline{Y}$ となり ((1) により, $\overline{Y}$ は閉集合), P のとり方に矛盾する.　　　　　　　　　　　　　　□

演習問題1

1　次の関数のグラフは下記の図のどれになるか判定せよ.
(a)　$\sin^2 x - y^2$　(b)　$\log(2x^2 + y^2)$　(c)　$\sin(x + y)$
(d)　$x^2 + y^3$

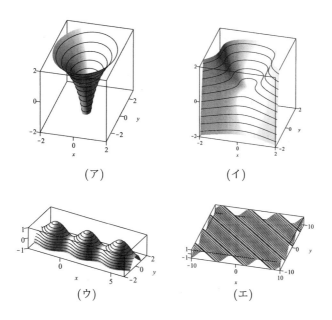

2 次の関数の等高線グラフを描け.

(1)　$x + |y|$

(2)　$x^2 + y^2 + 2(x - 2y + 2)$

(3)　$f(x, y) = \begin{cases} (x-1)(y-1) & x + y \geq 1 \text{ のとき} \\ xy & x + y < 1 \text{ のとき} \end{cases}$

3 次の関数の等高線グラフは下記の図のどれになるか判定せよ.

(1)　$x^2 - 2xy + 2y^2$　　(2)　$\sin x - \sin y$　　(3)　$xy(x + y - 3)$

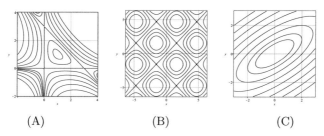

(A)　　　　　　　　　(B)　　　　　　　　　(C)

$\boxed{4}$ 極限値があるかどうか調べ，あればその値を求めよ．

(1) $\displaystyle\lim_{(x,y)\to(1,3)} 4x^2 + y(y - 2x)$ (2) $\displaystyle\lim_{(x,y)\to(0,0)} \frac{\sin(x + y)}{\sqrt{x^2 + y^2}}$

(3) $\displaystyle\lim_{(x,y)\to(0,0)} 2^{xy}$ (4) $\displaystyle\lim_{(x,y)\to(0,0)} (x + y) \log(x^2 + y^2)$

$\boxed{5}$ 2 点 $P, Q \in \mathbf{R}^n$ 間の距離 $d(P, Q)$ は，次の性質を持つ．このことを示せ．

(1) $d(P, Q) \geq 0$ であり，$d(P, Q) = 0 \Longleftrightarrow P = Q$

(2) $d(P, Q) = d(Q, P)$

(3) $d(P, Q) \leq d(P, R) + d(R, Q)$ （三角不等式）

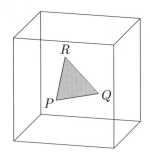

第 **2** 章

偏微分と全微分

多変数関数の微分には偏微分と全微分とがある．偏微分は，ある変数のみを変化させたときの微分であり，実質的には 1 変数関数の微分である．2 変数関数の場合，全微分は接平面を与える 1 次関数に対応する．1 変数関数の微分が接線の傾きに対応したことの拡張である．

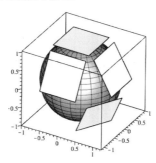

2.1　偏微分

2 変数関数 $f(x,y)$ において，$y = b$ と固定した関数 $f(x,b)$ が x の関数として $x = a$ で微分可能のとき，$f(x,y)$ は x に関して，(a,b) で偏微分可能であるといい，その微分を $f_x(a,b)$ で表す．この $f_x(a,b)$ を (a,b) における x に関する $f(x,y)$ の**偏微分**（partial derivative）という．同様に，$f_y(a,b)$ も定義される．すなわち，

$$f_x(a,b) = \lim_{x \to a} \frac{f(x,b) - f(a,b)}{x - a}, \quad f_y(a,b) = \lim_{y \to b} \frac{f(a,y) - f(a,b)}{y - b}$$

である．幾何学的には，グラフ $z = f(x,y)$ の平面 $y = b$ による切り口の曲線の $x = a$ における接線の傾きが $f_x(a,b)$ である．同様に，グラフ $z = f(x,y)$ の平面 $x = a$ による切り口の $y = b$ における接線の傾きが $f_y(a,b)$ である．

偏微分を (x,y) の関数と考えたものを $f_x(x,y)$, $f_y(x,y)$ で表し，$f(x,y)$ の**偏導関数**（partial derivative）と呼ぶ．

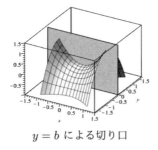 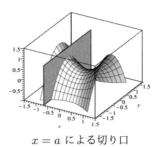

$y = b$ による切り口　　　　　$x = a$ による切り口

図 2-1

記号 $f_x(a,b)$ の代わりに，$\dfrac{\partial f}{\partial x}(a,b)$ や $\left.\dfrac{\partial f}{\partial x}\right|_{(a,b)}$，記号 $f_y(a,b)$ の代わりに，$\dfrac{\partial f}{\partial y}(a,b)$ や $\left.\dfrac{\partial f}{\partial y}\right|_{(a,b)}$ なども用いられる．

例 2.1

関数 $f(x,y) = x^2 - y^2$ の場合，平面 $y = b$ による切り口は $z = x^2 - b^2$ になり，$f_x(a,b) = 2a$ である．また，平面 $x = a$ による切り口は $z = a^2 - y^2$ になり，$f_y(a,b) = -2b$ である．

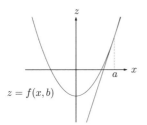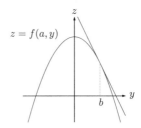

図 2-2　偏微分

例 2.2　連続でない偏微分可能関数

2 変数の場合，偏微分可能でも連続とは限らない．関数

$$f(x,y) = \begin{cases} \dfrac{xy}{x^2 + y^2} & ((x,y) \neq (0,0)) \\ 0 & ((x,y) = (0,0)) \end{cases}$$

を考える．例 1.3 により，$f(x,y)$ は原点 $(0,0)$ では連続でない．さて，$f(x,0) = 0, f(0,y) = 0, f(0,0) = 0$ であるので，

$$f_x(0,0) = \lim_{x \to 0} \frac{0-0}{x} = 0, \quad f_y(0,0) = \lim_{y \to 0} \frac{0-0}{y} = 0$$

となり，$f(x,y)$ は原点でも偏微分可能である．

問題 2.1

次の関数 $f(x,y)$ の偏導関数 $f_x(x,y), f_y(x,y)$ を求めよ．

(1)　$4x^2y^2 - (x^2 + y^2)^3$ 　(2)　$x^2 y^2 e^x$ 　(3)　$\dfrac{2x + y}{3x + 2y}$

2.2　全微分

曲面 $z = f(x, y)$ を考える．平面 $y = b$ による切り口の曲線 $z = f(x, b)$ の $x = a$ における接線は $z = f(a, b) + f_x(a, b)(x - a)$ で与えられる．また，平面 $x = a$ による切り口の曲線 $z = f(a, y)$ の $y = b$ における接線は $z = f(a, b) + f_y(a, b)(y - b)$ で与えられる．これら二つの接線で張られる平面は次の1次関数で定義される．

$$z = f(a, b) + f_x(a, b)(x - a) + f_y(a, b)(y - b)$$

2本の接線 　　　　　　　　　　　　接平面

図 2-3

定義 2.3

関数 $f(x, y)$ が (a, b) で **全微分可能** であるとは，偏微分 $f_x(a, b)$, $f_y(a, b)$ が存在して，

$$\epsilon(x, y) = f(x, y) - \{f(a, b) + f_x(a, b)(x - a) + f_y(a, b)(y - b)\}$$

とおくとき，

$$\lim_{(x,y) \to (a,b)} \frac{\epsilon(x, y)}{d((x, y), (a, b))} = 0$$

が成立することをいう．

関数 $f(x, y)$ が (a, b) で全微分可能のとき, 平面

$$z = f(a,b) + f_x(a,b)(x-a) + f_y(a,b)(y-b)$$

を曲面 $z = f(x, y)$ 上の点 $(a, b, f(a, b))$ における**接平面**（tangent plane）と定義する.

図 2-4　接平面

補題 2.4

関数 $f(x, y)$ が (a, b) で全微分可能なら, (a, b) で連続である.

[証明]　実際,

$$f(x, y) - f(a, b) = f_x(a, b)(x-a) + f_y(a, b)(y-b) + \epsilon(x, y)$$

であり, $(x, y) \to (a, b)$ のとき $\epsilon(x, y) \to 0$ であるので,

$$\lim_{(x,y) \to (a,b)} \{f(x, y) - f(a, b)\} = 0$$

が成立する. □

定義 2.5

関数 $f(x, y)$ が開集合 D で C^1 **級関数**であるとは, D の各点で, x および y について偏微分可能で, その偏導関数 $f_x(x, y), f_y(x, y)$ が連続であることをいう.

定理 2.6

　関数 $f(x,y)$ が (a,b) の近くで C^1 級関数であれば，(a,b) で全微分可能である．

[証明]　$f(x,y)$ は (a,b) を含む開円板 D 上の C^1 級関数とする．平均値の定理を x の関数と見た $f(x,y)$ に適用すると，x と a の間に ξ が存在して，$f(x,y) - f(a,y) = f_x(\xi,y)(x-a)$ となる．このとき，$x \to a$ ならば $\xi \to a$ である．また，$f(a,y)$ に平均値の定理を適用すると，y と b の間に η が存在して，$f(a,y) - f(a,b) = f_y(a,\eta)(y-b)$ となる．なお，$f_y(a,\eta) = \dfrac{f(a,y) - f(a,b)}{y-b}$ であるので，$y \to b$ のとき，$f_y(a,\eta) \to f_y(a,b)$ である．

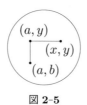

図 2-5

　さて，このとき $\epsilon(x,y)$（定義 2.3 参照）は，

$$(f_x(\xi,y) - f_x(a,b))(x-a) + (f_y(a,\eta) - f_y(a,b))(y-b)$$

と表される．このことから，次の不等式が成立する．

$$\frac{|\epsilon(x,y)|}{d((x,y),(a,b))} \le |f_x(\xi,y) - f_x(a,b)| + |f_y(a,\eta) - f_y(a,b)|.$$

偏導関数 $f_x(x,y)$ は連続関数だから，$(x,y) \to (a,b)$ のとき，$f_x(\xi,y) \to f_x(a,b)$ である．以上により，

$$\lim_{(x,y)\to(a,b)} \frac{\epsilon(x,y)}{d((x,y),(a,b))} = 0$$

が成立するので，$f(x,y)$ は (a,b) で全微分可能である．　□

問題 2.2

次の関数のグラフの与えられた点における接平面を求めよ.

(1) $x^3 - 2xy + 2y^2$, 点 $(1, 0, 1)$　(2) $xy(3 - x - y)$, 点 $(1, 1, 1)$

(3) $(x + y)e^{x-y}$, 点 $(1, 1, 2)$　(4) $1 - x^4 - y^4$, 点 $\left(\dfrac{1}{2}, \dfrac{1}{2}, \dfrac{7}{8}\right)$

問題 2.3

全微分可能関数 $f(x, y)$ が 1 次関数で近似されることを用いて,
次の数値の近似値を求めよ（小数第 2 位まで）.

$$(1) \quad \frac{(2.99)^7}{(3.02)^6} \qquad (2) \quad \sqrt{\frac{1.1}{3.9}}$$

注意 2.7

関数 $f(x, y)$ が (a, b) で全微分可能のとき, $c = f(a, b)$ とすると,
曲面 $z = f(x, y)$ 上の点 $P = (a, b, c)$ における接平面

$$f_x(a, b)(x - a) + f_y(a, b)(y - b) - (z - c) = 0$$

の**法線ベクトル**（normal vector）は, $\mathbf{n} = (f_x(a, b), f_y(a, b), -1)$ で
与えられる.

図 2-6　法線ベクトル

例 2.8　C^1 級関数でない全微分可能関数

関数 $f(x,y) = |xy|$ を原点で考えると，$f_x(0,0) = f_y(0,0) = 0$ で，$\epsilon(x,y) = |xy|$ となる．よって，

$$\lim_{(x,y) \to (0,0)} \frac{|xy|}{\sqrt{x^2 + y^2}} = 0$$

が成立し，原点で全微分可能である．一方，原点を除く x 軸と y 軸上では偏微分可能でないので，C^1 級関数でない．

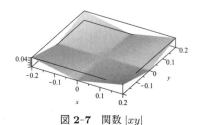

図 2-7　関数 $|xy|$

問題 2.4

関数 $f(x,y) = \sqrt{|xy|}$ は原点において，連続かつ偏微分可能ではあるが，全微分可能でないことを示せ．

注意 2.9

全微分可能，偏微分可能，C^1 級などの関係は次のようになる．

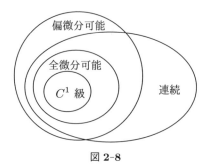

図 2-8

2.3　合成関数の微分・偏微分，平均値の定理

定理 2.10　**合成関数の微分公式**

関数 $f(x,y)$ は (a,b) で全微分可能であり，関数 $\varphi(t),\psi(t)$ は t_0 で微分可能で，$(\varphi(t_0),\psi(t_0))=(a,b)$ を満たすとする．このとき，合成関数 $g(t)=f(\varphi(t),\psi(t))$ は t_0 で微分可能で，次の微分公式が成立する．

$$g'(t_0)=f_x(a,b)\varphi'(t_0)+f_y(a,b)\psi'(t_0)$$

[証明]　関数 $f(x,y)$ について，定義 2.3 の記号を用いると，等式

$$\frac{g(t)-g(t_0)}{t-t_0}=\frac{f(\varphi(t),\psi(t))-f(a,b)}{t-t_0}$$
$$=f_x(a,b)\left(\frac{\varphi(t)-\varphi(t_0)}{t-t_0}\right)+f_y(a,b)\left(\frac{\psi(t)-\psi(t_0)}{t-t_0}\right)$$
$$+\frac{\epsilon(\varphi(t),\psi(t))}{t-t_0}$$

が成立する．ここで，$E(x,y)=\dfrac{\epsilon(x,y)}{d((x,y),(a,b))}$ とおくと，

$$\frac{\epsilon(\varphi(t),\psi(t))}{|t-t_0|}=E(\varphi(t),\psi(t))\cdot\sqrt{H(t)},$$
$$H(t)=\left(\frac{\varphi(t)-\varphi(t_0)}{t-t_0}\right)^2+\left(\frac{\psi(t)-\psi(t_0)}{t-t_0}\right)^2$$

である．いま，$t\to t_0$ のとき，$(\varphi(t),\psi(t))\to(a,b)$ であり，$f(x,y)$ は (a,b) で全微分可能だから，$t\to t_0$ のとき，$E(\varphi(t),\psi(t))\to 0$ である．一方，$t\to t_0$ のとき，$H(t)\to\{\varphi'(t_0)\}^2+\{\psi'(t_0)\}^2$ である．したがって，$t\to t_0$ のとき，$\dfrac{\epsilon(\varphi(t),\psi(t))}{t-t_0}\to 0$ となり，次のように計算される．

$$g'(t_0) = \lim_{t \to t_0} \frac{g(t) - g(t_0)}{t - t_0} = f_x(a,b)\varphi'(t_0) + f_y(a,b)\psi'(t_0) \quad \square$$

注意 2.11

この公式は次のように書くと覚えやすい.

$$\frac{dg}{dt} = \frac{\partial f}{\partial x}\frac{dx}{dt} + \frac{\partial f}{\partial y}\frac{dy}{dt}$$

定理 2.12 合成関数の偏微分公式

関数 $f(x,y)$ は (a,b) で全微分可能であり,関数 $\varphi(u,v)$, $\psi(u,v)$ は (u_0,v_0) で偏微分可能で,$(\varphi(u_0,v_0), \psi(u_0,v_0)) = (a,b)$ を満たすとする.このとき,合成関数 $g(u,v) = f(\varphi(u,v), \psi(u,v))$ は (u_0,v_0) で偏微分可能で,偏微分公式

$$g_u(u_0,v_0) = f_x(a,b)\varphi_u(u_0,v_0) + f_y(a,b)\psi_u(u_0,v_0)$$
$$g_v(u_0,v_0) = f_x(a,b)\varphi_v(u_0,v_0) + f_y(a,b)\psi_v(u_0,v_0)$$

が成立する.

注意 2.13

証明は同様である.この公式は次のように覚えればよい.

$$\frac{\partial g}{\partial u} = \frac{\partial f}{\partial x}\frac{\partial \varphi}{\partial u} + \frac{\partial f}{\partial y}\frac{\partial \psi}{\partial u}, \qquad \frac{\partial g}{\partial v} = \frac{\partial f}{\partial x}\frac{\partial \varphi}{\partial v} + \frac{\partial f}{\partial y}\frac{\partial \psi}{\partial v}$$

例 2.14

(1) 関数 $f(x,y)$ を極座標で表した $g(r,\theta) = f(r\cos\theta, r\sin\theta)$ に対して公式を適用すると,次のようになる.

$$g_r = f_x\cos\theta + f_y\sin\theta, \qquad g_\theta = r(-f_x\sin\theta + f_y\cos\theta)$$

(2) 関数 $g(u, v) = f(u\cos\alpha - v\sin\alpha, u\sin\alpha + v\cos\alpha)$ の場合
(座標軸を α だけ回転) には次のようになる.

$$g_u = f_x\cos\alpha + f_y\sin\alpha, \quad g_v = -f_x\sin\alpha + f_y\cos\alpha$$

　平均値の定理の 2 変数版を考えてみよう. 簡単のため, $f(x, y)$ は 開円板 D 上の C^1 級関数とする. D 内の 2 点 (a, b), $(x, y) \in D$ に対して, $h = x - a$, $k = y - b$ とおく. このとき, (a, b) と (x, y) を結ぶ線分 $L = \{(a + ht, b + kt) \mid t \in [0, 1]\}$ は D に含まれる.

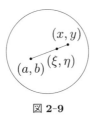

図 **2-9**

　1 変数関数 $g(t) = f(a + ht, b + kt)$ に平均値の定理を用いると, $g(1) - g(0) = g'(\theta)$ を満たす $\theta \in (0, 1)$ が存在する. このとき, $(\xi, \eta) = (a + h\theta, b + k\theta) \in L$ である. さらに, 定理 2.10 により, $g'(\theta) = f_x(\xi, \eta)h + f_y(\xi, \eta)k$ となり, 次の定理を得る.

定理 2.15 **平均値の定理**

　関数 $f(x, y)$ は開円板 D 上の C^1 級関数とする. $(a, b) \in D$ と $(x, y) \in D$ に対し, $h = x - a$, $k = y - b$ とおくとき,

$$f(x, y) = f(a, b) + f_x(\xi, \eta)h + f_y(\xi, \eta)k$$

を満たす (ξ, η) が (a, b) と (x, y) を結ぶ線分上に存在する.

系 2.16

開円板上の C^1 級関数 $f(x, y)$ は，恒等的に $f_x = f_y = 0$ であれば，定数関数である．また，恒等的に $f_x = 0$ ($f_y = 0$) であれば，変数 x（変数 y）には無関係である．

2.4　方向微分，勾配ベクトル

定義 2.17

点 (a, b) を通るベクトル $\mathbf{v} = (\alpha, \beta)$ 方向の直線を考える．

$$x = a + \alpha t, \ y = b + \beta t \quad (t \in \mathbf{R})$$

この直線の定義方程式は $\beta(x - a) - \alpha(y - b) = 0$ である．

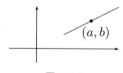

図 2-10

このとき，(a, b) の近くで定義された関数 $f(x, y)$ に対して，

$$D_{\mathbf{v}}(f)(a, b) = \lim_{t \to 0} \frac{f(a + \alpha t, b + \beta t) - f(a, b)}{t}$$

を (a, b) における $\mathbf{v}$ 方向の**方向微分**（directional derivative）という．定理 2.10 により，$f(x, y)$ が (a, b) で全微分可能なら，どの $\mathbf{v}$ に対しても方向微分は存在し，次のように表される．

$$D_{\mathbf{v}}(f)(a, b) = f_x(a, b)\alpha + f_y(a, b)\beta$$

問題 2.5

次の関数の場合，どの方向の方向微分も存在することを示せ．また，原点では全微分可能でないことを確認せよ．

$$f(x,y) = \begin{cases} \dfrac{x^2 y}{x^2 + y^2} & ((x,y) \neq (0,0)) \\ 0 & ((x,y) = (0,0)) \end{cases}$$

さて，C^1 級関数 $f(x,y)$ が与えられたとき，ベクトル

$$\text{grad}\, f = (f_x(x,y), f_y(x,y))$$

を f の (x,y) における**勾配ベクトル**（gradient vector）という．各点 (x,y) に $\text{grad}\, f$ を付随させたものを**勾配ベクトル場**（gradient vector field）という．

勾配ベクトル $\text{grad}\, f(a,b)$ は零ベクトルでなければ，(a,b) を通る等高線 $f(x,y) = f(a,b)$ の接線

$$f_x(a,b)(x-a) + f_y(a,b)(y-b) = 0$$

と直交する（例題 3.9 参照）．

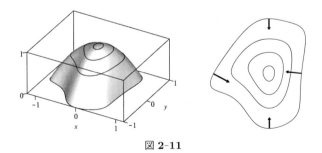

図 **2-11**

なお，単位ベクトル $\mathbf{v} = (\alpha, \beta)$ に対する方向微分の評価式

$$|D_{\mathbf{v}}(f)| \leq \sqrt{f_x(a,b)^2 + f_y(a,b)^2}$$

がある．等式 $D_{\mathbf{v}}(f)(a,b) = f_x(a,b)\alpha + f_y(a,b)\beta$ にコーシー・シュ
ワルツの不等式を適用すればよい．等号は $\mathbf{v}$ と grad $f(a,b)$ が比
例する場合にのみ成立する．とくに，$D_{\mathbf{v}}(f)$ が最大になるのは $\mathbf{v}$ が
grad $f(a,b)$ に正比例するときで，最大値は $\sqrt{f_x(a,b)^2 + f_y(a,b)^2}$
である．

2.5　高次偏微分

高次の偏微分も定義される．例えば，$f_x(x,y)$ が (a,b) で偏微分
可能のとき，

$$f_{xx}(a,b) = (f_x)_x(a,b), \qquad f_{xy}(a,b) = (f_x)_y(a,b)$$

のように定義するのである．

関数 $f(x,y)$ の偏導関数 f_x, f_y を 1 階偏導関数と呼び，帰納的に，
$r-1$ 階偏導関数の偏導関数を r 階偏導関数（r-th order partial
derivative）と定める．とくに，2 階偏導関数には $f_{xx}, f_{xy}, f_{yx}, f_{yy}$
の 4 種類ある．次のような記号も用いられる．

$$f_{xx} = (f_x)_x = \frac{\partial}{\partial x}\left(\frac{\partial f}{\partial x}\right) = \frac{\partial^2 f}{\partial x^2}$$
$$f_{xy} = (f_x)_y = \frac{\partial}{\partial y}\left(\frac{\partial f}{\partial x}\right) = \frac{\partial^2 f}{\partial y \partial x}$$

開集合 D 上の関数 $f(x,y)$ が C^r 級関数であるとは，r 階以下の
偏導関数がすべて存在し，それらが連続であることをいう．すべて
の r について C^r 級関数となる関数を C^∞ 級関数という．

問題 2.6

次の関数について，f_{xx} および f_{xy} を計算せよ．

(1) $3x^4 y^2 + 6x^2 y^6$ (2) $x^3 y^7 - xy^8$ (3) $e^{-y}\tan x$

問題 2.7

次の関数 $f(x,y)$ について，$f_{xx} + f_{yy} = 0$ を確認せよ．

(1) $\log\sqrt{x^2+y^2}$ (2) $\dfrac{x}{x^2+y^2}$ (3) $\dfrac{x^2-y^2}{(x^2+y^2)^2}$

定理 2.18

関数 $f(x,y)$ が (a,b) の近くで，C^2 級関数であれば，

$$f_{xy}(a,b) = f_{yx}(a,b)$$

が成立する．

[証明] $f(x,y)$ は (a,b) を含む開円板 D で C^2 級関数とする．実数 h,k の絶対値 $|h|,|k|$ が十分小さければ，$(a+h,b+k) \in D$ である．そこで，次の値を定義する．

$$\Phi = f(a+h,b+k) - f(a+h,b) - f(a,b+k) + f(a,b)$$

いま，$p(x) = f(x,b+k) - f(x,b)$ に平均値の定理を適用すると，$p(a+h) - p(a) = p'(\xi)h$ を満たす ξ ($|\xi - a| < |h|$) が存在する．このとき，$p'(x) = f_x(x,b+k) - f_x(x,b)$ であるので，

$$\Phi = p(a+h) - p(a) = \Big(f_x(\xi,b+k) - f_x(\xi,b)\Big)h$$

となる．さらに，平均値の定理を y の関数 $f_x(\xi,y)$ に適用すると，

$$f_x(\xi, b+k) - f_x(\xi, b) = f_{xy}(\xi, \eta)k$$

を満たす η $(|\eta-b| < |k|)$ が存在し，$\Phi = f_{xy}(\xi, \eta)hk$ となる．もちろん，$(h,k) \to (0,0)$ のとき，$(\xi, \eta) \to (a,b)$ だから，f_{xy} の連続性により，$hk \neq 0$ の条件下で極限を考えると，次が成立する．

$$\lim_{(h,k)\to(0,0)} \frac{\Phi}{hk} = \lim_{(\xi,\eta)\to(a,b)} f_{xy}(\xi, \eta) = f_{xy}(a,b)$$

さて，$q(y) = f(a+h, y) - f(a, y)$ とおくと，$\Phi = q(b+k) - q(b)$ であり，同様の議論をすることにより，

$$\lim_{(h,k)\to(0,0)} \frac{\Phi}{hk} = f_{yx}(a,b)$$

も成立するので，等号 $f_{xy}(a,b) = f_{yx}(a,b)$ を得る．　　　□

例 2.19　$f_{xy} \neq f_{yx}$ となる例

$$f(x,y) = \begin{cases} \dfrac{x^3 y}{x^2 + y^2} & ((x,y) \neq (0,0)) \\ 0 & ((x,y) = (0,0)) \end{cases}$$

とおく．まず，$f_x(0,0) = f_y(0,0) = 0$ であり，原点を除くと，

$$f_x(x,y) = \frac{x^2 y(x^2 + 3y^2)}{(x^2 + y^2)^2}, \qquad f_y(x,y) = \frac{x^3(x^2 - y^2)}{(x^2 + y^2)^2}$$

となるので，

$$f_{xy}(0,0) = \lim_{k\to 0} \frac{f_x(0,k) - f_x(0,0)}{k} = \lim_{k\to 0} \frac{0-0}{k} = 0$$
$$f_{yx}(0,0) = \lim_{h\to 0} \frac{f_y(h,0) - f_y(0,0)}{h} = \lim_{h\to 0} \frac{h-0}{h} = 1$$

である．この関数の場合，原点を除くと，$f_{xy} = f_{yx}$ である．

注意 2.20

一般に，C^r 級関数については，$n \leq r$ に対して，n 階偏導関数は偏微分の順序には関係しない．例えば $r \geq 3$ のとき，$f_{xy} = f_{yx}$ から $f_{xyy} = f_{yxy}$ となり，f_y が C^2 級関数であることから $f_{yxy} = f_{yyx}$ を得る．よって，$f_{xyy} = f_{yxy} = f_{yyx}$ が成立する．

C^r 級関数 $f(x, y)$ について，関数 $g(t) = f(a + ht, b + kt)$ の微分計算を続けてみよう．合成関数の微分公式（定理 2.10）を用いる．

$$g'(t) = f_x h + f_y k$$
$$g''(t) = (f_x h + f_y k)'$$
$$= (f_{xx} h + f_{xy} k)h + (f_{yx} h + f_{yy} k)k$$
$$= f_{xx} h^2 + 2f_{xy} hk + f_{yy} k^2$$
$$g'''(t) = (f_{xx} h^2 + 2f_{xy} hk + f_{yy} k^2)'$$
$$= (f_{xxx} h + f_{xxy} k)h^2 + 2(f_{xyx} h + f_{xyy} k)hk$$
$$+ (f_{yyx} h + f_{yyy} k)k^2$$
$$= f_{xxx} h^3 + 3f_{xxy} h^2 k + 3f_{xyy} hk^2 + f_{yyy} k^3$$

一般に，

$$g^{(n)}(t) = \left(h\frac{\partial}{\partial x} + k\frac{\partial}{\partial y} \right)^n f$$

の形になる．二項定理を用いて，

$$\left(h\frac{\partial}{\partial x} + k\frac{\partial}{\partial y} \right)^n f = \sum_{j=0}^{n} \binom{n}{j} h^{n-j} k^j \frac{\partial^n f}{\partial x^{n-j} \partial y^j}$$

と理解する[1]．この公式は帰納法で示すことができる．例えば，

---

1) ここで，$\binom{n}{j} = {}_n C_j$ である．

$$\left(h\frac{\partial}{\partial x}+k\frac{\partial}{\partial y}\right)^3 f = h^3\frac{\partial^3 f}{\partial x^3}+3h^2 k\frac{\partial^3 f}{\partial x^2\partial y}+3hk^2\frac{\partial^3 f}{\partial x\partial y^2}+k^3\frac{\partial^3 f}{\partial y^3}$$

となり，上記の計算と一致する．

定理 2.21　**テイラー展開**

関数 $f(x,y)$ は開円板 D 上の C^r 級関数とする．$(a,b)\in D$ と $(x,y)\in D$ に対し，$h=x-a$，$k=y-b$ とおくとき，

$$f(x,y)=\sum_{n=0}^{r-1}\frac{1}{n!}\left[\left(h\frac{\partial}{\partial x}+k\frac{\partial}{\partial y}\right)^n f\right](a,b)+R$$

$$R=\frac{1}{r!}\left[\left(h\frac{\partial}{\partial x}+k\frac{\partial}{\partial y}\right)^r f\right](\xi,\eta)$$

を満たす (ξ,η) が (x,y) と (a,b) を結ぶ線分上に存在する．

とくに，$r=1$ なら，この結果は平均値の定理である．

[証明]　1変数関数のテイラーの定理を関数 $g(t)=f(a+ht,b+kt)$ と区間 $[0,1]$ に適用すると，$\theta\in(0,1)$ が存在して，

$$g(1)=\sum_{n=0}^{r-1}\frac{g^{(n)}(0)}{n!}+\frac{g^{(r)}(\theta)}{r!}$$

を満たす．そこで，$(\xi,\eta)=(a+h\theta,b+k\theta)$ とおけば，$g(t)$ の微分計算により，上記の結果を得る．　　　　　　　　□

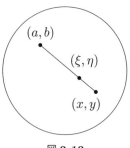

図 2-12

系 2.22 ┃ **2 次のテイラー展開**

関数 $f(x,y)$ は開円板 D 上で C^2 級関数とする. $(a,b) \in D$ と $(x,y) \in D$ に対し, $h = x - a$, $k = y - b$ とおくとき,

$$f(x,y) = f(a,b) + f_x(a,b)h + f_y(a,b)k$$
$$+ \frac{1}{2}\Big\{ f_{xx}(\xi,\eta)h^2 + 2f_{xy}(\xi,\eta)hk + f_{yy}(\xi,\eta)k^2 \Big\}$$

を満たす (ξ,η) が (x,y) と (a,b) を結ぶ線分上に存在する.

[証明]　定理 2.21 で, $r = 2$ とおけばよい. □

2.6　3 変数以上の関数

n 変数の関数 $f(x_1,\ldots,x_n)$ についても, 偏微分, 偏導関数, 全微分や C^r 級関数などは同様に定義される. とくに, 3 変数関数の場合には, 変数として通常 x,y,z を用い, 偏導関数は f_x, f_y, f_z などで表される. また, 2 階偏導関数には, $f_{xx}, f_{yy}, f_{zz}, f_{xy}, f_{yx}, f_{xz}, f_{zx}, f_{yz}, f_{zy}$ がある. 定理 2.18 も一般化され, f が C^2 級関数であれば, $f_{xz} = f_{zx}$ などが成立する.

残念ながら, 3 変数関数 $f(x,y,z)$ のグラフを描くことはできない. しかし, 曲面 $f(x,y,z) = k$ は描くことができる. この曲面を k に対する**等位面** (level surface) と呼ぶ. 2 変数関数の等高線に相当するものである. また, $f(x,y,z)$ の勾配ベクトル

$$\operatorname{grad} f = (f_x, f_y, f_z)$$

も定義され, $\operatorname{grad} f(P)$ は値 $f(P)$ に対する等位面に直交する.

例 2.23

関数 $f(x, y, z) = x^2 + y^2 - z^2$ の $k = -1, 0, 1$ に対する等位面は次のようになる.

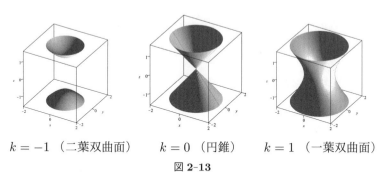

$k = -1$ （二葉双曲面） $k = 0$ （円錐） $k = 1$ （一葉双曲面）

図 2-13

定義 2.24

空間極座標（spherical coordinates）がある．点 $P = (x, y, z)$ を原点からの距離 r と z 軸，x 軸からの角度 θ, ϕ を用いて表す．このとき，xyz 座標との関係式は次のようになる.

$$x = r \sin\theta \cos\phi, \quad y = r \sin\theta \sin\phi, \quad z = r \cos\theta$$

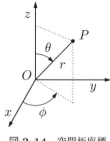

図 2-14　空間極座標

緯度と経度は空間極座標である．z 軸は北極方向，x 軸は赤道上でグリニッジ天文台を通る子午線の方向とする．日本の場合，角度

を度数で表せば，$\theta = 90° - $ 北緯，$\phi = $ 東経である.

例題 2.25

関数 $f(x, y, z)$ を空間極座標で表した関数 $g(r, \theta, \phi)$ について，偏導関数 g_r, g_θ, g_ϕ を計算せよ.

[解]　合成関数の偏微分公式（定理 2.12）の 3 変数版（同様に成立する）により，変換公式は次のようになる.

$$g_r = f_x \sin\theta \cos\phi + f_y \sin\theta \sin\phi + f_z \cos\theta$$

$$g_\theta = r(f_x \cos\theta \cos\phi + f_y \cos\theta \sin\phi - f_z \sin\theta)$$

$$g_\phi = r(-f_x \sin\theta \sin\phi + f_y \sin\theta \cos\phi)$$

ここで，空間ベクトルについて補充しておく.

二つのベクトル $\mathbf{a} = (a_1, a_2, a_3)$ と $\mathbf{b} = (b_1, b_2, b_3)$ に対して，内積 $\mathbf{a} \cdot \mathbf{b} = a_1 b_1 + a_2 b_2 + a_3 b_3$ とベクトル積（外積）

$$\mathbf{a} \times \mathbf{b} = \left(\begin{vmatrix} a_2 & a_3 \\ b_2 & b_3 \end{vmatrix}, \begin{vmatrix} a_3 & a_1 \\ b_3 & b_1 \end{vmatrix}, \begin{vmatrix} a_1 & a_2 \\ b_1 & b_2 \end{vmatrix} \right)$$

が定義される. また，$\|\mathbf{a}\| = \sqrt{(\mathbf{a} \cdot \mathbf{a})}$ を $\mathbf{a}$ の長さという.

補題 2.26　**ベクトル積の性質**

(1)　$\mathbf{a} \times \mathbf{b}$ は $\mathbf{a}$ と $\mathbf{b}$ 双方に直交する.

(2)　$\mathbf{a}$ と $\mathbf{b}$ のつくる平行四辺形 T の面積は $\|\mathbf{a} \times \mathbf{b}\|$ である.

[証明]　(1) ベクトル $\mathbf{x} = (x, y, z)$ に対して, 行列式の性質から,

$$\begin{vmatrix} a_1 & a_2 & a_3 \\ b_1 & b_2 & b_3 \\ x & y & z \end{vmatrix} = (\mathbf{a} \times \mathbf{b}) \cdot \mathbf{x}$$

である. そこで, $\mathbf{x} = \mathbf{a}$ とすれば, $(\mathbf{a} \times \mathbf{b}) \cdot \mathbf{a} = \mathbf{0}$ となり, $\mathbf{x} = \mathbf{b}$ とすれば, $(\mathbf{a} \times \mathbf{b}) \cdot \mathbf{b} = \mathbf{0}$ となる.

　(2) $\mathbf{a}$ と $\mathbf{b}$ のなす角を θ とすると, $\mathbf{a} \cdot \mathbf{b} = \|\mathbf{a}\|\|\mathbf{b}\| \cos\theta$ であり, $|T| = \|\mathbf{a}\|\|\mathbf{b}\| \sin\theta$ である. 計算を実行すると, 次のようになる.

$$\|\mathbf{a} \times \mathbf{b}\|^2 = \|\mathbf{a}\|^2 \|\mathbf{b}\|^2 - (\mathbf{a} \cdot \mathbf{b})^2 = |T|^2 \qquad \square$$

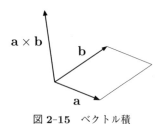

図 2-15　ベクトル積

演習問題 2

$\boxed{1}$　次の図は, ある関数 $f(x, y)$ とその偏導関数 $f_x(x, y), f_y(x, y)$ のグラフである. どのグラフが $f(x, y)$ のグラフか推測せよ.

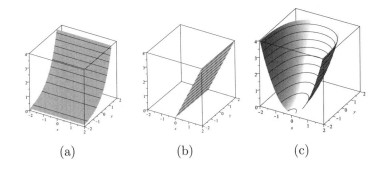

(a)　　　　　　　(b)　　　　　　　(c)

2 次の関数の偏導関数を求めよ.

(1) $y\left(1 - \dfrac{1}{x^2 + y^2}\right)$　　　(2) $x\left(1 - \dfrac{1}{\sqrt{x^2 + y^2}}\right)$

(3) $\log\left(\dfrac{x - y}{x + y}\right)$　　(4) $\cos(\cos(x + y))$　　(5) x^y

3 関数 $f(x, y) = g(xy)$ の2階偏導関数 $f_{xx} + f_{yy}$ を計算せよ. こ
こで, $g(t)$ は C^2 級関数とする. 応用として, 次の関数 $f(x, y)$
について, $f_{xx} + f_{yy}$ を計算せよ.

(1) $\sin(1 + xy)$　　(2) $\log(1 + xy)$　　(3) $\left(\dfrac{1 - xy}{1 + xy}\right)^2$

4 開円板上の C^1 級関数 $f(x, y)$ がある.

(1) 多項式 $g(x, y)$ で $\operatorname{grad} g = \operatorname{grad} f$ となるものがあれば,
$f(x, y) = g(x, y) + C$（C は定数）であることを示せ.

(2) $\operatorname{grad} f = (y, x)$ となる $f(x, y)$ を求めよ.

5 二つの曲面

$$S_1 : z = x^2 + y^2, \quad S_2 : z = \frac{3}{2} + \frac{1}{\sqrt{2(x^2 + y^2)}}$$

の共通部分は円 $C : x^2 + y^2 = 2, z = 2$ である. この C 上で双方の接平面が直交していることを示せ.

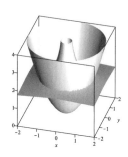

6 与えられた点 $P = (a, b)$ とベクトル $\mathbf{v}$ に対する下記の関数 $f(x, y)$ の方向微分 $D_{\mathbf{v}}(f)(a, b)$ を求めよ.

(1) $f(x, y) = x^3 y^2, P = (1, 2), \mathbf{v} = (1, -2)$.

(2) $f(x, y) = \sqrt{x^2 + y^2}, P = (1, 1), \mathbf{v} = (-1, -1)$.

(3) $f(x, y) = x \sin y - y \cos x, P = \left(\frac{\pi}{4}, \frac{\pi}{4} \right), \mathbf{v} = (\sqrt{2}, -\sqrt{2})$.

7 次の 3 変数関数の勾配ベクトル場を計算せよ.

(1) e^{xyz}　　(2) $\dfrac{z^2}{x^2 + y^2}$　　(3) $\log(xy - z^2)$

第 3 章

極値問題

　微分概念の重要な応用は関数の最大値や最小値の決定である．多変数関数の場合にも偏微分や高階偏微分のデータの役割は大きい．1 変数関数と同様に，局所的な最大値を極大値，最小値を極小値とよび，それらを決定する問題を極値問題という．極値をとる点は停留点になる，すなわち，すべての偏微分が消える点であるが，鞍点（saddle point）のように極値にならない停留点も存在する．山道で言えば峠に相当する場所である．2 階偏導関数による極値判定法，制約条件のもとで極値問題を解くラグランジュ乗数法（Lagrange, 1736-1813）などを学ぶ．

3.1　極値

　点 (a, b) の近くで定義された関数 $f(x, y)$ が (a, b) で極大（local maximum）であるとは，(a, b) の十分近くで，$(x, y) \neq (a, b)$ なら，

$$f(a, b) > f(x, y)$$

が成立することをいう．このとき，$f(a, b)$ を**極大値**と呼ぶ．同様に，$f(x, y)$ が (a, b) で**極小**（local minimum）であるということも，不等号を逆向きにして定義され，極大値と極小値を合わせて**極値**という．同様のことは n 変数関数についても定義される．

極大　　　　　　　　　　　　極小

図 3-1

　1 変数なら，微分可能関数 $f(x)$ が a で極値をとれば，$f'(a) = 0$ であった．また，C^2 級関数については，$f'(a) = 0$ のとき，$f''(a) > 0$（または $f''(a) < 0$）であれば，$f(a)$ は極小値（または極大値）である．

補題 3.1

　関数 $f(x, y)$ が (a, b) の近くで偏微分可能で，(a, b) で極値をとれば，$f_x(a, b) = f_y(a, b) = 0$ が成立する．

[証明]　$f(x, b)$ は $x = a$ で極値をとるので，$f_x(a, b) = 0$ である．同様に，$f(a, y)$ は $y = b$ で極値をとるので，$f_y(a, b) = 0$ である．　　□

定義 3.2

偏微分可能な関数 $f(x, y)$ が与えられたとき,

$$f_x(a, b) = f_y(a, b) = 0$$

となる点 (a, b) を f の**停留点**(stationary point)と呼ぶ.

補題 3.3

2 次関数 $q(x, y) = \alpha x^2 + 2\beta xy + \gamma y^2$ の原点における極値問題は次のようになる. このとき, 原点は停留点である.

(1) $\alpha\gamma - \beta^2 > 0$, $\alpha > 0$ ならば, すべての $(x, y) \neq (0, 0)$ について, $q(x, y) > 0 = q(0, 0)$ である(最小値).

(2) $\alpha\gamma - \beta^2 > 0$, $\alpha < 0$ ならば, すべての $(x, y) \neq (0, 0)$ について, $q(x, y) < 0 = q(0, 0)$ である(最大値).

(1)   (2)

図 3-2 極値

(3) $\alpha\gamma - \beta^2 < 0$ ならば, $q(h_1, k_1) > 0$ となる (h_1, k_1) と $q(h_2, k_2) < 0$ となる (h_2, k_2) が存在する. このとき, $q(0, 0)$ は極値ではない(**鞍点**).

(4) $\alpha\gamma - \beta^2 = 0$ ならば, $q(0, 0)$ は極値ではない.

(3)   (4)

図 3-3 極値でない場合

[**証明**] (1), (2) $\alpha\gamma - \beta^2 > 0$ の場合,

$$q(x,y) = \alpha \left\{ \left(x + \frac{\beta}{\alpha} y \right)^2 + \left(\frac{\alpha\gamma - \beta^2}{\alpha^2} \right) y^2 \right\}$$

となり，$(x,y) \neq (0,0)$ について，$\alpha > 0$ ならば，$q(x,y) > 0$ であり，$\alpha < 0$ ならば，$q(x,y) < 0$ である．

(3) $\alpha\gamma - \beta^2 < 0$ の場合．

(i) $\alpha \neq 0$ のとき，$q\left(-\frac{\beta}{\alpha}, 1 \right) q(1,0) = \alpha\gamma - \beta^2 < 0$ だから，(h_1, k_1) と (h_2, k_2) を $\left(-\frac{\beta}{\alpha}, 1 \right)$ と $(1,0)$ から選んで，$q(h_1, k_1) > 0$ かつ $q(h_2, k_2) < 0$ とできる．

(ii) $\gamma \neq 0$ のときには，$q\left(1, -\frac{\beta}{\gamma} \right) q(0,1) = \alpha\gamma - \beta^2 < 0$ である．

(iii) $\alpha = \gamma = 0$ のときには，$q(1,1)q(1,-1) = -(2\beta)^2 < 0$ である．したがって，(ii) と (iii) のときにも，$q(h_1, k_1) > 0, q(h_2, k_2) < 0$ となる (h_i, k_i) は存在する．

さて，直線 $L_i : x = h_i t, y = k_i t$ 上では，

$$q(h_i t, k_i t) = t^2 q(h_i, k_i)$$

となり，$q(0,0) = 0$ は L_1 上では極小値であり，L_2 上では極大値である．すなわち，$q(0,0)$ は極値ではない．実は，$q(x,y) = 0$ は原点を通る 2 本の直線になり，平面は $q(x,y) > 0$ の部分と $q(x,y) < 0$ の部分に分割される．

(4) $\alpha\gamma - \beta^2 = 0$ の場合．このとき，

$$q(x,y) = \begin{cases} \dfrac{1}{\alpha}(\alpha x + \beta y)^2 & \alpha \neq 0 \text{ のとき} \\ \gamma y^2 & \alpha = \beta = 0 \text{ のとき} \end{cases}$$

は原点を含む直線上で 0 となるので，$q(0,0)$ は極値ではない． □

定理 3.4 **極値判定法**

C^2 級関数 $f(x,y)$ の停留点 (a,b) に対して，$A = f_{xx}(a,b)$,
$B = f_{xy}(a,b)$, $C = f_{yy}(a,b)$ と定める．このとき,

(1) $AC - B^2 > 0, A > 0$ ならば，$f(a,b)$ は極小値である.

(2) $AC - B^2 > 0, A < 0$ ならば，$f(a,b)$ は極大値である.

(3) $AC - B^2 < 0$ ならば，$f(a,b)$ は極値ではない（**鞍点**）.

[証明] $f(x,y)$ は C^2 級関数だから，$f_{xx}f_{yy} - f_{xy}^2$ は (a,b) の近くで連続である．よって，$AC - B^2 \neq 0, A \neq 0$ の場合，(a,b) 中心の開円板 D が存在して，D の各点 (x,y) について，$f_{xx}f_{yy} - f_{xy}^2$ および，f_{xx} の符号はそれぞれ，$AC - B^2$, A の符号に等しい.

いま，$h = x - a$, $k = y - b$ とおくと，系 2.22 により，等式

$$f(x,y) - f(a,b) = \frac{1}{2}\left\{ f_{xx}(\xi,\eta)h^2 + 2f_{xy}(\xi,\eta)hk + f_{yy}(\xi,\eta)k^2 \right\}$$

を満たす点 (ξ,η) が (x,y) と (a,b) を結ぶ線分上に存在する．そこで，$\alpha = f_{xx}(\xi,\eta)$, $\beta = f_{xy}(\xi,\eta)$, $\gamma = f_{yy}(\xi,\eta)$ とおき，2 次関数

$$q(x,y) = \alpha x^2 + 2\beta xy + \gamma y^2$$

を定める．このとき，$f(x,y) - f(a,b) = \dfrac{q(h,k)}{2}$ である.

(1) $\alpha\gamma - \beta^2 > 0, \alpha > 0$ となり，補題 3.3 により，$(h,k) \neq (0,0)$ のとき，$f(x,y) > f(a,b)$ が成立し，$f(a,b)$ は極小値である.

(2) $\alpha\gamma - \beta^2 > 0, \alpha < 0$ となり，補題 3.3 により，$(h,k) \neq (0,0)$ のとき，$f(x,y) < f(a,b)$ が成立し，$f(a,b)$ は極大値である.

(3) 次に，$Q(x,y) = Ax^2 + 2Bxy + Cy^2$ とおく．補題 3.3 により，$Q(h_1,k_1) > 0$ となる (h_1,k_1) および，$Q(h_2,k_2) < 0$ となる (h_2,k_2) が存在する．そこで，

$$g_i(t) = f(a + h_i t, b + k_i t) \qquad (i = 1, 2)$$

とおくと,

$$g_i(0) = f(a,b), \ g_i'(0) = 0, \ g_i''(0) = Q(h_i, k_i)$$

となり, $g_1(0)$ は極小値であり, $g_2(0)$ は極大値である. 言い換えると, 直線 $x = a + h_1 t, y = b + k_1 t$ 上, $f(a,b)$ は極小値で, 直線 $x = a + h_2 t, y = b + k_2 t$ 上, $f(a,b)$ は極大値である. したがって, $f(a,b)$ は極値ではない (鞍点). □

$\boxed{\text{例題 3.5}}$

次の関数が停留点 $(0,0)$ で極値をとるかどうか判定せよ.

$$(1) \quad x^2 + (e^y - 1)^2 \qquad\qquad (2) \quad \sin^2 x - y^2$$

[解] (1) 極小値. $x \neq 0$ のとき, $x^2 > 0$ であり, $y \neq 0$ のとき, $(e^y - 1)^2 > 0$ だから, $(x,y) \neq (0,0)$ ならば, $f(x,y) > 0$ である.
判定定理による別解:$f_{xx}(0,0)f_{yy}(0,0) - f_{xy}(0,0)^2 = 4 > 0$, $f_{xx}(0,0) = 2$ だから, $f(0,0)$ は極小値である.

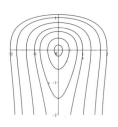 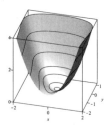

図 3-4

(2) $y = 0$ とすると, $f(x,0) = \sin^2 x$ は $x = 0$ で極小であり, $x = 0$ とすると, $f(0,y) = -y^2$ は $y = 0$ で極大である. よって, $f(0,0)$ は極値ではない.
判定定理による別解:$f_{xx}(0,0)f_{yy}(0,0) - f_{xy}(0,0)^2 = -4 < 0$ とな

り，$f(0,0)$ は極値ではない．

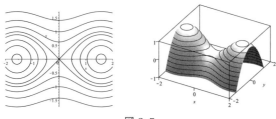

図 3-5

例題 3.6

関数 $f(x,y) = x^3 - 3x + 4y^2 - 2y^4$ の停留点を求め，極値をとるか鞍点か判定せよ．

[解]

まず，偏導関数を計算する．

$$f_x = 3(x^2 - 1), \quad f_y = -8y(y^2 - 1)$$

したがって，停留点は $(\pm 1, 0)$，$(1, \pm 1)$，$(-1, \pm 1)$ の 6 点である．次に，2 階偏導関数を計算する．

$$f_{xx} = 6x, \quad f_{xy} = 0, \quad f_{yy} = -8(3y^2 - 1)$$

各停留点における判定を表にまとめると次のようになる．

	$(-1, \pm 1)$	$(-1, 0)$	$(1, \pm 1)$	$(1, 0)$
f_{xx}	-6	-6	6	6
$f_{xx}f_{yy} - f_{xy}^2$	96	-48	-96	48
f	4	2	0	-2
	極大	鞍点	鞍点	極小

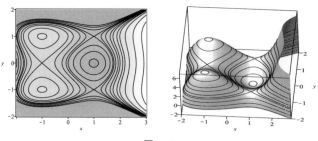

図 3-6

3.2   陰関数

　方程式 $f(x, y) = 0$ は xy 平面上の曲線を定義する. このとき,
方程式を局所的であっても, y について解くことができれば, この
曲線は部分的には $y = \varphi(x)$ と x の関数 $\varphi(x)$ で表され, $f(x, \varphi(x))$
$= 0$ を満たす. また, 場所によっては, $x = \psi(y)$ と y の関数で表
される. このような $\varphi(x)$ や $\psi(y)$ を陰関数 (implicit function) と
いう.

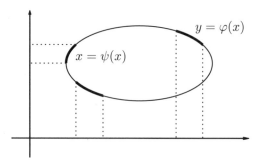

図 3-7   陰関数

例 3.7

　円 $C : x^2 + y^2 = 1$ の上半円の陰関数は $\sqrt{1 - x^2}$ である. 右半
円の陰関数は $\sqrt{1 - y^2}$ である.

図 3-8

定理 3.8 | **陰関数定理**

曲線 $f(x,y) = 0$ 上の点 (a,b) について,

(1) $f(x,y)$ は (a,b) の近くで C^1 級関数である.

(2) $f_y(a,b) \neq 0$ である.

とする.このとき,a の近くで定義された C^1 級関数 $\varphi(x)$ が存在して(ただ一つ),以下の条件を満たす.

(i) $b = \varphi(a)$,

(ii) $f(x, \varphi(x)) = 0$,

(iii) $\varphi'(x) = -\dfrac{f_x(x, \varphi(x))}{f_y(x, \varphi(x))}$.

また,条件 $f_x(a,b) \neq 0$ が満たされているときにも,同様の定理が成立する.

[証明] ここでは,$f_y(a,b) > 0$ を仮定する.$f_y(x,y)$ は連続だから,正数 ε を十分小さくとれば,正方形 $\{(x,y) \,|\, |x-a| \leq \varepsilon, |y-b| \leq \varepsilon\}$ 上,$f_y(x,y) > 0$ となる(補題 1.15 参照).このとき,$|x-a| \leq \varepsilon$ となる x を固定すれば,$|y-b| \leq \varepsilon$ の範囲で,$f(x,y)$ は y の狭義単調増加関数($y < y'$ のとき,$f(x,y) < f(x,y')$)である.いま,$f(a,b) = 0$ だから,$f(a,b-\varepsilon) < 0$ かつ $f(a,b+\varepsilon) > 0$ である.さらに,$f(x,y)$ の連続性により,$\delta > 0$ を小さくとれば,$|x-a| < \delta$ のとき,$f(x,b-\varepsilon) < 0$ かつ $f(x,b+\varepsilon) > 0$ となる.

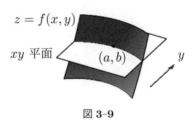

図 3-9

　中間値の定理（定理 6.10）により，$f(x, \varphi(x)) = 0$ を満たす $\varphi(x)$ が $(b - \varepsilon, b + \varepsilon)$ の範囲にただ1つ存在する．関数 $\varphi(x)$ は $|x - a| < \delta$ で定義され，$\varphi(a) = b$, $|\varphi(x) - \varphi(a)| < \varepsilon$ を満たす．正数 ε は任意に小さくできるので，$\varphi(x)$ は a で連続である．さらに，a の近くの点で連続になることもわかる[1].

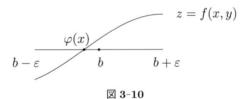

図 3-10

　(iii) を示す．そのため，$|a' - a| < \delta$ となる a' をとり，$b' = \varphi(a')$ とおく．定理 2.15 により，$|x - a| < \delta$, $|y - b| < \varepsilon$ のとき，

$$f(x, y) - f(a', b') = f_x(\xi, \eta)(x - a') + f_y(\xi, \eta)(y - b')$$

となる (ξ, η) が (x, y) と (a', b') を結ぶ線分上にある．そこで，y に $\varphi(x)$ を代入すると，$f_x(\xi, \eta)(x - a') + f_y(\xi, \eta)(\varphi(x) - b') = 0$ で，

$$\frac{\varphi(x) - \varphi(a')}{x - a'} = -\frac{f_x(\xi, \eta)}{f_y(\xi, \eta)}$$

が成立する．$x \to a'$ のとき，$\varphi(x)$ は連続だから，$(x, \varphi(x)) \to (a', b')$

---

1)　$|a' - a| < \delta$ となる a' をとり，$b' = \varphi(a')$, $\varepsilon' < \varepsilon - |b - b'|$ とする．上の議論から，$\delta' < \delta - |a - a'|$ が存在して，$|x - a'| < \delta'$ のとき，a' で連続な関数 $\varphi^*(x)$ が存在し，$\varphi^*(a') = b'$, $f(x, \varphi^*(x)) = 0$, $|\varphi^*(x) - \varphi^*(a')| < \varepsilon'$ となる．このとき，一意性から，$\varphi(x) = \varphi^*(x)$ である．

であり，$(\xi, \eta) \to (a', b')$ となる．したがって，次が成立する．

$$\varphi'(a') = \lim_{x \to a'} \frac{\varphi(x) - \varphi(a')}{x - a'} = \lim_{(\xi, \eta) \to (a', b')} -\frac{f_x(\xi, \eta)}{f_y(\xi, \eta)} = -\frac{f_x(a', b')}{f_y(a', b')}$$

なお，$\varphi'(x)$ が連続であることは等式 (iii) からわかる． $\square$

例題 3.9

C^1 級関数 $f(x, y)$ の定める曲線 $C : f(x, y) = 0$ 上の点 (a, b) について，$f_y(a, b) \neq 0$ または $f_x(a, b) \neq 0$ であれば，(a, b) における C の接線の方程式は

$$f_x(a, b)(x - a) + f_y(a, b)(y - b) = 0$$

で与えられることを示せ．

[解] $f_y(a, b) \neq 0$ の場合，陰関数 $\varphi(x)$ により，(a, b) の近くで C は $y = \varphi(x)$ と表されるので，(a, b) における C の接線は $y - b = \varphi'(a)(x - a)$ である．定理 3.8 により，この式は上記のようになる．また，$f_x(a, b) \neq 0$ の場合，陰関数 $\psi(y)$ を用いればよい．

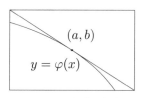

図 **3-11** 曲線の接線

問題 3.1

双曲線 $\dfrac{x^2}{a^2} - \dfrac{y^2}{b^2} = 1$ 上の点 (x_0, y_0) における接線を求めよ．

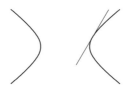

図 3-12　双曲線の接線

定義 3.10

曲線 $C : f(x, y) = 0$ 上の点 (a, b) で $f_x(a, b) = f_y(a, b) = 0$ となる点を C の**特異点**と呼ぶ.

図 3-13　特異点

定理 3.11　**3 変数版陰関数定理**

曲面 $f(x, y, z) = 0$ 上の点 $P = (a, b, c)$ について,

(1)　$f(x, y, z)$ は P の近くで C^1 級関数である.

(2)　$f_z(P) \neq 0$ である.

とする. このとき, (a, b) の近くで定義された C^1 級関数 $\varphi(x, y)$ が存在して (ただ一つ), 以下の条件を満たす.

(i)　$c = \varphi(a, b)$,

(ii)　$f(x, y, \varphi(x, y)) = 0$,

(iii)　$\varphi_x(x, y) = -\dfrac{f_x(x, y, \varphi(x, y))}{f_z(x, y, \varphi(x, y))},\ \varphi_y(x, y) = -\dfrac{f_y(x, y, \varphi(x, y))}{f_z(x, y, \varphi(x, y))}$.

条件 $f_x(P) \neq 0$ や $f_y(P) \neq 0$ が満たされているときにも, 同様の定理が成立する.

問題 3.2

C^1 級関数 $f(x, y, z)$ の定める曲面 $S : f(x, y, z) = 0$ 上の点 $P = (a, b, c)$ において，$\operatorname{grad} f(P) \neq (0, 0, 0)$ であれば，P における S の接平面は次で与えられることを示せ．

$$f_x(P)(x - a) + f_y(P)(y - b) + f_z(P)(z - c) = 0$$

3.3　ラグランジュ乗数法

制約条件のある極値問題を考える．

定理 3.12　　**ラグランジュ乗数法**

$f(x, y)$ と $g(x, y)$ は C^1 級関数とする．制約条件 $g(x, y) = 0$ のもとで，関数 $f(x, y)$ は (a, b) で極値をとるとする．このとき，$\operatorname{grad} g\,(a, b) \neq (0, 0)$ であれば，ある定数 λ が存在して，

$$\operatorname{grad} f\,(a, b) = \lambda \operatorname{grad} g\,(a, b)$$

となる．λ をラグランジュ乗数と呼ぶ．

[証明]　　ここでは $g_y(a, b) \neq 0$ とする．曲線 $g(x, y) = 0$ には，$x = a$ の近くで陰関数 $\varphi(x)$ が存在し，関数 $h(x) = f(x, \varphi(x))$ は a で極値をとるので，$h'(a) = 0$ である．微分計算により，$h'(x) = f_x(x, \varphi(x)) + f_y(x, \varphi(x))\varphi'(x)$ となり，$\varphi'(a) = -\dfrac{g_x(a, b)}{g_y(a, b)}$（定理 3.8 参照）を代入すると，関係式

$$f_x(a,b)g_y(a,b) = f_y(a,b)g_x(a,b)$$

を得る.　$\lambda = \dfrac{f_y(a,b)}{g_y(a,b)}$ とおけば,　$f_x(a,b) = \lambda\, g_x(a,b)$ となり,　等式 $\mathrm{grad}\, f\,(a,b) = \lambda\, \mathrm{grad}\, g\,(a,b)$ が成立する.　　□

定理 3.12 の (a,b) が曲線 $g(x,y) = 0$ や等高線 $f(x,y) = f(a,b)$ の特異点でなければ,　この 2 曲線は (a,b) で接する.

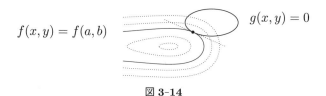

図 3-14

制約条件 $g(x,y) = 0$ のもとで,　$f(x,y)$ の極値を求める手順は次のようになる.

(1)　$\mathrm{grad}\, f\,(a,b) = \lambda\, \mathrm{grad}\, g\,(a,b)$ および,　$g(a,b) = 0$ を満たす (a,b,λ) を求める.

(2)　曲線 $g(x,y) = 0$ の特異点を求める.

(3)　(1), (2) で得られた点が極値かどうかを検証する.

注意 3.13

$F(x,y,\lambda) = f(x,y) - \lambda g(x,y)$ とおき,　λ も変数と考えると,　ラグランジュ乗数法は $F(x,y,\lambda)$ の停留点 (a,b,λ) を求める問題になる. 実際,　$F_x = f_x - \lambda g_x$,　$F_y = f_y - \lambda g_y$,　$F_\lambda = -g$ だから,　停留点では $g = 0$, $\mathrm{grad}\, f = \lambda\, \mathrm{grad}\, g$ が成立する.

例題 3.14

条件 $x^4 + 2y^4 = 3$ のもとで,　関数 $x + 2y$ の極値を求めよ.

図 3-15

[解]　$f(x,y) = x + 2y$, $g(x,y) = x^4 + 2y^4 - 3$ とおく．このとき，曲線 $g = 0$ は有界閉集合だから，関数 f には最大値と最小値がある．方程式 $\mathrm{grad}\, f = \lambda \,\mathrm{grad}\, g$ の解 $x = y = \dfrac{1}{(4\lambda)^{1/3}}$ を $g(x,y) = 0$ に代入して，$\lambda = \pm\dfrac{1}{4}$ を得る．極値をとるのは $(1,1)$ と $(-1,-1)$ の 2 点で，最大値は $f(1,1) = 3$，最小値は $f(-1,-1) = -3$ である．

例題 3.15

曲線 $C : y^2 = (x+4)^3$ と原点 O との最短距離を求めよ．

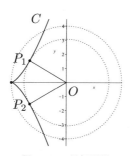

図 3-16　最短距離

[解]　$g(x,y) = y^2 - (x+4)^3$ とおく．この問題は $g(x,y) = 0$ という制約条件のもとで，関数 $f(x,y) = x^2 + y^2$ の最小値を求めることに帰着される．ラグランジュ乗数法の方程式 $\mathrm{grad}\, f = \lambda \,\mathrm{grad}\, g$ は

$$2x + 3\lambda(x + 4)^2 = 0, \quad 2y(1 - \lambda) = 0$$

になる. $\lambda = 1$ の場合, $2x + 3(x + 4)^2 = (x + 6)(3x + 8) = 0$ か

ら, $x = -\dfrac{8}{3}$ を得る（C 上の点の x 座標 ≥ -4 である）. 対応する C

上の点は $P_1 = \left(-\dfrac{8}{3}, \dfrac{8\sqrt{3}}{9}\right)$ と $P_2 = \left(-\dfrac{8}{3}, -\dfrac{8\sqrt{3}}{9}\right)$ である. また,

$y = 0$ の場合 $x = -4$ となるが, $Q = (-4, 0)$ は C の特異点である.

よって, 極値をとる可能性のある点は P_1, P_2 と Q であり,

$$f(P_1) = f(P_2) = \frac{256}{27}, \quad f(Q) = 16$$

となるので, 最短距離は $\dfrac{16\sqrt{3}}{9} \fallingdotseq 3.08$ である.

(別解) 曲線 C にはパラメータ表示 $x = -4 + t^2$, $y = t^3$ がある. した

がって, t に関する 1 変数関数 $f(-4 + t^2, t^3) = t^6 + t^4 - 8t^2 + 16$ の

最小値を求める解法も可能である.

　ラグランジュ乗数法は 3 変数以上の関数にも, 制約条件が複数

ある場合にも適用可能である. 3 変数以上で制約条件が 2 個ある場

合のラグランジュ乗数法は次のようになる.

定理 3.16

　f, g, h は C^1 級関数とする. 制約条件 $g = 0, h = 0$ のもと

で, 関数 f が点 P で極値をとるとする. ベクトル $\operatorname{grad} g(P)$,

$\operatorname{grad} h(P)$ が 1 次独立であれば, 定数 λ, μ が存在して, 次が

成立する.

$$\operatorname{grad} f(P) = \lambda \operatorname{grad} g(P) + \mu \operatorname{grad} h(P)$$

例題 3.17

円 $C : x^2 + y^2 = 1$ 上の点 P と放物線 $\Gamma : 2y = x^2 - 3$ 上の点 Q との最短距離を求めよ.

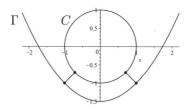

図 3-17 円と放物線の距離

[解] 問題は $f(x, y, u, v) = (x-u)^2 + (y-v)^2$ の最小値を制約条件 $x^2 + y^2 - 1 = 0, 2v - (u^2 - 3) = 0$ のもとで求めることに帰着される. ラグランジュ乗数法の方程式から,$x - u = \lambda x, y - v = \lambda y, x - u = \mu u, y - v = -\mu$ となり,これらから,$xv = yu, (x-u)(v+1) = 0$ を得る.簡単な計算で,極小値をとるのは,$P = \left(\pm\dfrac{1}{\sqrt{2}}, -\dfrac{1}{\sqrt{2}} \right), Q = (\pm 1, -1)$ で $d(P,Q) = \sqrt{2} - 1$ のときと,$P = (0, -1), Q = \left(0, -\dfrac{3}{2} \right)$ で $d(P,Q) = \dfrac{1}{2}$ のときであることがわかる.よって,求める最短距離は $\sqrt{2} - 1$ である.

3.4 最大値・最小値

有界閉集合 D 上の連続関数には最大値・最小値が存在する(定理 1.10).最大値・最小値を求めるには次のようにすればよい.

(1) D の内部にある極値を求める.

(2) 境界 ∂D 上の最大値・最小値を求める.

(3)　以上の値で最大（最小）の値が最大値（最小値）である.

例題 3.18

　関数 $f(x, y) = x(x - y)$ の正方形 $D = [-1, 1] \times [-1, 1]$ 上の最大値と最小値を求めよ.

[解]　D の内部の停留点は原点（鞍点）のみだから，境界を調べる.

∂D	$x = -1$	$x = 1$	$y = -1$	$y = 1$
f	$y + 1$	$1 - y$	$x^2 + x$	$x^2 - x$
最大値	2	2	2	2
最小値	0	0	$-\dfrac{1}{4}$	$-\dfrac{1}{4}$

したがって，$f(x, y)$ は $(1, -1)$,　$(-1, 1)$ で最大値 2 をとり，$\left(-\dfrac{1}{2}, -1\right), \left(\dfrac{1}{2}, 1\right)$ で最小値 $-\dfrac{1}{4}$ をとる.

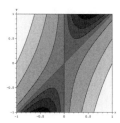

図 **3-18**　等高線グラフ（グラデーション，高-薄色，低-濃色）

問題 3.3

　関数 $f(x, y) = y(y^2 - 3x^2)$ の三点 $(0, 0)$, $(0, -1)$, $(1, 0)$ を頂点とする閉三角形上の最大値と最小値を求めよ.

例題 3.19

関数 $f(x,y) = 8xy(1 - x^2 - y^2)$ の $D = \{(x,y) \,|\, x^2 + y^2 \leq 1\}$
（閉円板）における最大値と最小値を求めよ.

[解] $f_x = -8y(3x^2 + y^2 - 1)$, $f_y = -8x(x^2 + 3y^2 - 1)$ である. D の
境界では $f = 0$ である. D の内部には $f > 0$ となる点も, $f < 0$ と
なる点もあるので, f は D の内部で最大値も最小値もとる. D の内
部の停留点は $(0,0)$, $\left(\pm\dfrac{1}{2}, \pm\dfrac{1}{2}\right)$, $\left(\mp\dfrac{1}{2}, \pm\dfrac{1}{2}\right)$ の 5 点である. 次に,
$f_{xx} = -48xy$, $f_{xy} = -24(x^2 + y^2) + 8$, $f_{yy} = -48xy$ である.

	$(0,0)$	$(\pm 1/2, \pm 1/2)$	$(\pm 1/2, \mp 1/2)$
f_{xx}	0	-12	12
$f_{xx}f_{yy} - f_{xy}^2$	-64	128	128
f	0	1	-1
	鞍点	極大	極小

以上から, $f(x,y)$ は $\left(\pm\dfrac{1}{2}, \pm\dfrac{1}{2}\right)$ で最大値 1 を $\left(\pm\dfrac{1}{2}, \mp\dfrac{1}{2}\right)$ で最小値
-1 をとる.

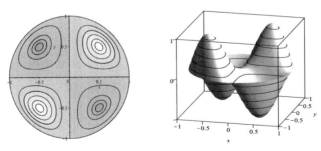

図 3-19　参考：等高線グラフ，3D グラフ

3.5 ヤコビ行列式

$\mathbf{R}^2$ の開集合 D で定義された写像 $\Phi : D \to \mathbf{R}^2$ の成分関数 f_1, f_2 が C^1 級関数のとき,Φ は C^1 級写像であるという.また,行列

$$
\begin{pmatrix} \dfrac{\partial f_1}{\partial x} & \dfrac{\partial f_1}{\partial y} \\[2mm] \dfrac{\partial f_2}{\partial x} & \dfrac{\partial f_2}{\partial y} \end{pmatrix} = \begin{pmatrix} \mathrm{grad}\, f_1 \\[1mm] \mathrm{grad}\, f_2 \end{pmatrix}
$$

を Φ のヤコビ行列(または関数行列)という.その行列式

$$
\begin{vmatrix} \dfrac{\partial f_1}{\partial x} & \dfrac{\partial f_1}{\partial y} \\[2mm] \dfrac{\partial f_2}{\partial x} & \dfrac{\partial f_2}{\partial y} \end{vmatrix} = \dfrac{\partial f_1}{\partial x}\dfrac{\partial f_2}{\partial y} - \dfrac{\partial f_1}{\partial y}\dfrac{\partial f_2}{\partial x}
$$

を Φ のヤコビ行列式(Jacobian)と呼び,J_Φ や $\dfrac{\partial(f_1, f_2)}{\partial(x, y)}$ で表す.

例 3.20

アフィン写像 $\Phi = (px + qy + h, rx + sy + k)$ のヤコビ行列は

$$
\begin{pmatrix} p & q \\ r & s \end{pmatrix}
$$

となり,$J_\Phi = ps - qr$ である.とくに,$J_\Phi \neq 0$ の場合には,Φ はアフィン変換と呼ばれ,長方形を平行四辺形に移す.

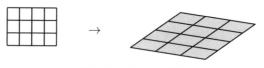

図 3-20 アフィン変換

問題 3.4

写像 $\Phi = (x^2 - y^2, 2xy)$ のヤコビ行列式 J_Φ を計算せよ. また, 正方形 $R = [0, a] \times [0, a]$ の Φ による像の概形を描け.

補題 3.21

C^1 級写像 $\Phi = (f_1, f_2)$ と C^1 級写像 $\Psi = (\psi_1, \psi_2)$ を合成した写像 $\Psi \circ \Phi$ も C^1 級写像であり, 次の関係式が成立する.

$$J_{\Psi \circ \Phi} = (J_\Psi \circ \Phi) \, J_\Phi$$

[証明]　合成関数の偏微分公式 (定理 2.12) による. 実際, $g_i(x, y) = \psi_i(f_1(x, y), f_2(x, y))$ $(i = 1, 2)$ とおくと,

$$\begin{pmatrix} \dfrac{\partial g_1}{\partial x} & \dfrac{\partial g_1}{\partial y} \\[2mm] \dfrac{\partial g_2}{\partial x} & \dfrac{\partial g_2}{\partial y} \end{pmatrix} = \begin{pmatrix} \dfrac{\partial \psi_1}{\partial u} \circ \Phi & \dfrac{\partial \psi_1}{\partial v} \circ \Phi \\[2mm] \dfrac{\partial \psi_2}{\partial u} \circ \Phi & \dfrac{\partial \psi_2}{\partial v} \circ \Phi \end{pmatrix} \begin{pmatrix} \dfrac{\partial f_1}{\partial x} & \dfrac{\partial f_1}{\partial y} \\[2mm] \dfrac{\partial f_2}{\partial x} & \dfrac{\partial f_2}{\partial y} \end{pmatrix}$$

が成立するので, 両辺の行列式をとればよい.　□

系 3.22

$\Psi \circ \Phi = \mathrm{id}$ (恒等写像) であれば, $J_\Psi \circ \Phi = J_\Phi^{-1}$ である.

命題 3.23

開集合 $D \subset \mathbf{R}^2$ で定義された C^1 級写像 $\Phi : D \to \mathbf{R}^2$ があり, 点 $P \in D$ において, $J_\Phi(P) \neq 0$ であれば, Φ は P の近くでは 1 対 1 写像である.

[証明] $\Phi = (f_1, f_2)$, $P = (a, b)$ とする. $D \times D$ 上の連続関数

$$K(x_1, y_1, x_2, y_2) = \begin{vmatrix} \dfrac{\partial f_1}{\partial x}(x_1, y_1) & \dfrac{\partial f_1}{\partial y}(x_1, y_1) \\[2mm] \dfrac{\partial f_2}{\partial x}(x_2, y_2) & \dfrac{\partial f_2}{\partial y}(x_2, y_2) \end{vmatrix}$$

を考える. 補題 1.15 により,

$$V = \{(x_1, y_1, x_2, y_2) \in D \times D \,|\, K(x_1, y_1, x_2, y_2) \neq 0\}$$

は開集合である. いま, $K(a, b, a, b) = J_\Phi(P) \neq 0$ だから, (a, b, a, b) $\in V$ である. したがって, ある $\varepsilon > 0$ が存在して, $B_\varepsilon(a, b, a, b) \subset V$ となる. そこで, $U = B_{\varepsilon/\sqrt{2}}(P)$ とおくと, 例題 1.13 が適用できて, $U \times U \subset B_\varepsilon(a, b, a, b)$ である.

さて, U の任意の 2 点 $P' = (a', b')$, $P'' = (a'', b'')$ をとる. 平均値の定理 (定理 2.15) により, P' と P'' を結ぶ線分上に

$$\begin{pmatrix} f_1(P'') - f_1(P') \\ f_2(P'') - f_2(P') \end{pmatrix} = \begin{pmatrix} \dfrac{\partial f_1}{\partial x}(\xi_1, \eta_1) & \dfrac{\partial f_1}{\partial y}(\xi_1, \eta_1) \\[2mm] \dfrac{\partial f_2}{\partial x}(\xi_2, \eta_2) & \dfrac{\partial f_2}{\partial y}(\xi_2, \eta_2) \end{pmatrix} \begin{pmatrix} a'' - a' \\ b'' - b' \end{pmatrix}$$

を満たす (ξ_1, η_1), (ξ_2, η_2) が存在し,

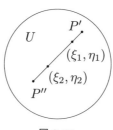

図 3-21

$K(\xi_1, \eta_1, \xi_2, \eta_2) \neq 0$ である. よって, $\Phi(P') = \Phi(P'')$ であれば, $P' = P''$ となり, Φ は U 上では 1 対 1 写像である.   □

定理 3.24　逆関数定理

開集合 $D \subset \mathbf{R}^2$ で定義された C^1 級写像 $\Phi : D \to \mathbf{R}^2$ があり，点 $P \in D$ において，$J_\Phi(P) \neq 0$ であれば，開集合 $U \ni P$ と 開集合 $V \ni Q = \Phi(P)$ が存在して，$\Phi : U \to V$ は上への 1 対 1 写像であり，逆写像 Φ^{-1} も V 上で C^1 級写像になる.

[証明]　本書では省略する.　　　　　　　　　　　　　　□

問題 3.5

$\Phi : \mathbf{R}^2 \to \mathbf{R}^2$ を C^1 級写像とするとき，

$$Z_\Phi = \{ P \in \mathbf{R}^2 \mid J_\Phi(P) = 0 \}$$

とおく．次の写像について，Z_Φ を求めよ.

(1)　$(x + y^2, \ x^2 + 4y)$　(2)　$(x^3 - 3xy^2, \ 3x^2y - y^3)$

例題 3.25

0 でない多項式 $f(x, y)$ の零点集合 $X = \{ P \in \mathbf{R}^2 \mid f(P) = 0 \}$ は内点を持たないことを示せ.

[解]　（背理法）$f(x, y) = a_0(x)y^n + \cdots + a_n(x)$, $a_0(x) \neq 0$ とする. もし，X に内点 $P = (a, b)$ があれば，$B_\varepsilon(P) \subset X$ となる $\varepsilon > 0$ がある. 多項式 $a_0(x) = 0$ の根は有限個だから，$a_0(c) \neq 0$, $|c - a| < \dfrac{\varepsilon}{\sqrt{2}}$ となる c がある. このとき，$|y - b| < \dfrac{\varepsilon}{\sqrt{2}}$ であれば，$(c, y) \in B_\varepsilon(P)$ となり（例題 1.13），$f(c, y) = 0$ である. これは，$f(c, y)$ が 0 でない多項式であったことに矛盾する.

例題 3.26

開集合 $D \subset \mathbf{R}^2$ から $\mathbf{R}^2$ への C^1 級写像 Φ の像が，ある 0 でない多項式の零点集合 X に含まれたとする．$J_\Phi = 0$ を示せ．

[解]　もし，$J_\Phi(P) \neq 0$ となる点 $P \in D$ があったとすると，逆関数定理により，点 $Q = \Phi(P)$ を含む開集合 V で定義された Φ の逆写像 Ψ が存在する．一方，例題 3.25 により，点 $Q' \in V \setminus X$ が存在する．このとき，$Q' = \Phi(\Psi(Q')) \in X$ となり，矛盾である．

例 3.27

写像 $\Phi = (f_1, f_2) = \left(\dfrac{x^2 - y^2}{x^2 + y^2}, \dfrac{2xy}{x^2 + y^2} \right)$ の場合，$f_1^2 + f_2^2 = 1$ である．このとき，$J_\Phi = 0$ が確認される．

演習問題 3

$\boxed{1}$　次の関数の極値を求めよ．

(1)　$3x^3 + y^2 - 9x + 4y$　　　(2)　$x^2 - 2xy + \dfrac{y^4}{8}$

$\boxed{2}$　点 $(0, a)$ $(a \geq 0)$ から放物線 $y = x^2$ への最短距離は $0 \leq a \leq \dfrac{1}{2}$ のとき a，$a > \dfrac{1}{2}$ のとき $\sqrt{a - \dfrac{1}{4}}$ である．このことを示せ．

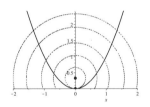 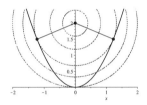

図 **3-22**

3 楕円面 $\dfrac{x^2}{a^2} + \dfrac{y^2}{b^2} + \dfrac{z^2}{c^2} = 1$ 上の点 (x_0, y_0, z_0) における接平面を求めよ.

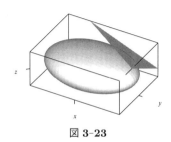

図 **3-23**

4 $(x^2 + y^2)^2 - 2(x^2 - y^2) = 0$ で定義されるレムニスケート曲線 C 上の点 $\left(\dfrac{6}{5}, \dfrac{2}{5}\right)$ における接線を求めよ.

図 **3-24**

5 長さ 10 cm の糸を二つに切って円と正方形を作るとき, 囲む面積が最小になるのはいつか.

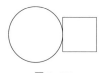

図 3-25

6 　球面 $S : x^2 + y^2 + z^2 = 1$ 上で，関数 $f(x, y, z) = ax + by + cz$
が最大および，最小になる点を求めよ．応用として，不等式

$$(ax + by + cz)^2 \leq (a^2 + b^2 + c^2)(x^2 + y^2 + z^2)$$

を証明せよ（コーシー・シュワルツ不等式）．

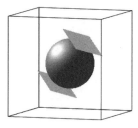

図 3-26

第 **4** 章

重積分

　2 変数関数 $f(x, y)$ の積分（重積分と呼ぶ）を定義し，面積や体積などの計算に応用する．まず，長方形上の重積分を 1 変数関数の積分の拡張として定義し，一般の図形上の積分に進む．重積分を実際に計算するには，1 変数関数の積分を組み合わせる累次積分が有効である．平面の図形には複雑なものもあるため，重積分には難易度が高い部分もある．

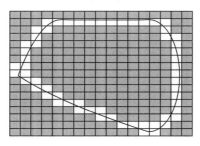

4.1　長方形上の重積分

長方形 $R = [a,b] \times [c,d]$ を考え，その面積を $|R|$ で表す.

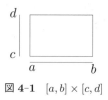

図 4-1　$[a,b] \times [c,d]$

　2 変数関数 $f(x,y)$ の重積分を 1 変数関数の定積分の類似として定義する. 区間 $[a,b]$ の分割 $\{a = x_0 < x_1 < \cdots < x_m = b\}$ と区間 $[c,d]$ の分割 $\{c = y_0 < y_1 < \cdots < y_n = d\}$ を合わせると，R は mn 個の長方形 $R_{ij} = [x_{i-1}, x_i] \times [y_{j-1}, y_j]$ に分割される. この分割を Δ で表す. このとき，$|\Delta| = \max_{i,j}\{x_i - x_{i-1}, y_j - y_{j-1}\}$ は分割の最大幅を表す.

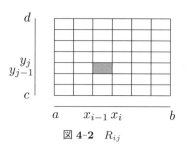

図 4-2　R_{ij}

　各 R_{ij} 内の点 P_{ij} を任意に選び（代表点という），リーマン[1]和

$$S(f, \Delta, \{P_{ij}\}) = \sum_{i=1}^{m} \sum_{j=1}^{n} f(P_{ij})|R_{ij}|$$

を定義する. ここで，$|R_{ij}| = (x_i - x_{i-1})(y_j - y_{j-1})$ である.

---

1)　Riemann, 1826-1866.

とくに，$f(x,y) \geq 0$ の場合には，リーマン和は長方形 R_{ij} を底辺とし，$f(P_{ij})$ を高さとする直方体の体積の総和である．

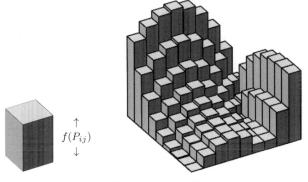

図 4-3 リーマン和

さて，$|\Delta| \to 0$ のとき，リーマン和 $S(f, \Delta, \{P_{ij}\})$ が，代表点 $\{P_{ij}\}$ の選び方によらないで，一定の値 I に収束するとき，$f(x,y)$ は R で積分可能（リーマン積分可能ともいう）といい，

$$I = \iint_R f(x,y)\,dxdy$$

で表す．この I を $f(x,y)$ の R 上の 2 **重積分**（double integral）あるいは単に**重積分**という．

関数 $f(x,y)$ の R 上の重積分が I であることの厳密な定義は次のようになる．

『任意の正数 ε に対して，正数 δ が存在して，R の分割 Δ について $|\Delta| < \delta$ であれば，Δ の代表点 $\{P_{ij}\}$ のとり方によらず，

$$|S(f, \Delta, \{P_{ij}\}) - I| < \varepsilon$$

が成立する．』

注意 4.1

もし，$f(x, y) \geq 0$ であれば，重積分 I は R 上の曲面 $z = f(x, y)$ より下の部分の立体の体積に相当する．

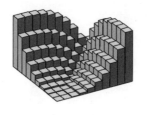 

$$\xrightarrow{|\Delta| \to 0}$$

図 4-4

ある正数 M が存在して，R 上で，$|f(x, y)| \leq M$ となるとき，$f(x, y)$ は**有界**（bounded）であるという．

命題 4.2

長方形 R 上の積分可能な関数 $f(x, y)$ は有界である．

[証明] （背理法）関数 $f(x, y)$ が有界でないと仮定する．いま，$f(x, y)$ の R 上の重積分を I とすると，正数 δ が存在して，$|\Delta| < \delta$ であれば，代表点 $\{P_{ij}\}$ にかかわらず，$|S(f, \Delta, \{P_{ij}\}) - I| < 1$ が成立する．そこで，$|\Delta| < \delta$ となる R の分割 Δ と代表点 $\{P_{ij}\}$ をとると，$f(x, y)$ が有界でない長方形 R_{kl} が存在する．このとき，

$$|f(Q) - f(P_{kl})||R_{kl}| > 2$$

となる点 $Q \in R_{kl}$ が存在する．そこで，代表点 $\{Q_{ij}\}$ を $Q_{kl} = Q$，$(i, j) \neq (k, l)$ のとき $Q_{ij} = P_{ij}$ と定めると，

$$|S(f, \Delta, \{Q_{ij}\}) - S(f, \Delta, \{P_{ij}\})| > 2$$

である．しかし，$|S(f, \Delta, \{Q_{ij}\}) - I| < 1$ も成立するので，その結

果，$|S(f, \Delta, \{Q_{ij}\}) - S(f, \Delta, \{P_{ij}\})| < 2$ となり，矛盾である． □

重積分の性質をまとめておく．1 変数関数の場合と同様である．

| 命題 4.3 | **重積分の性質** |

　長方形 R 上の積分可能な関数 $f(x, y)$, $g(x, y)$ について，次の積分公式が成立する．

(1) a, b を定数とするとき，

$$\iint_R (af + bg)\, dxdy = a \iint_R f\, dxdy + b \iint_R g\, dxdy$$

(2) $f(x, y) \leq g(x, y)$ であれば，

$$\iint_R f\, dxdy \leq \iint_R g\, dxdy$$

(3) $|f(x, y)|$ も積分可能で，

$$\left| \iint_R f\, dxdy \right| \leq \iint_R |f|\, dxdy$$

[証明] Δ を R の分割とする．

(1) リーマン和の等式

$$S(af + bg, \Delta, \{P_{ij}\}) = aS(f, \Delta, \{P_{ij}\}) + bS(g, \Delta, \{P_{ij}\})$$

が成立する．したがって，$|\Delta| \to 0$ として，関係式 (1) を得る．

(2) $f \leq g$ のとき，リーマン和の不等式

$$S(f, \Delta, \{P_{ij}\}) \leq S(g, \Delta, \{P_{ij}\})$$

が成立する．したがって，$|\Delta| \to 0$ として，関係式 (2) を得る．

(3) $|f|$ が積分可能であることは第 6 章で証明する（命題 6.32）．いま，$-|f| \leq f \leq |f|$ だから，(2) により，(3) が成立する． □

定理 4.4

長方形 R 上の連続関数 $f(x,y)$ は積分可能である.

この定理の証明は第 6 章で行う.この事実により,連続関数の重積分は,原理的には,リーマン和の極限として計算可能である.

例題 4.5

リーマン和の極限を求めて,関数 $f(x,y) = x + y$ の正方形 $R = [0,1] \times [0,1]$ 上の重積分を計算せよ.

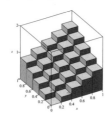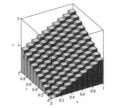

図 4-5

[解]　分割 Δ を m 等分 $x_i = \dfrac{i}{m}$ と n 等分 $y_j = \dfrac{j}{n}$ とし,R_{ij} の代表点として,$P_{ij} = (x_i, y_j)$ をとり,$m \to \infty, n \to \infty$ とする.

$$
\begin{aligned}
S(f, \Delta, \{P_{ij}\}) &= \sum_{i,j} \left(\frac{i}{m} + \frac{j}{n} \right) \frac{1}{m} \frac{1}{n} = \frac{1}{mn} \sum_{i=1}^{m} \sum_{j=1}^{n} \left(\frac{i}{m} + \frac{j}{n} \right) \\
&= \frac{1}{mn} \left(\frac{nm(m+1)}{2m} + \frac{mn(n+1)}{2n} \right) \\
&= \frac{m+1}{2m} + \frac{n+1}{2n} \longrightarrow 1
\end{aligned}
$$

したがって,

$$
\iint_R (x+y)\, dxdy = 1
$$

である.

　通常，重積分は1変数関数を2回くり返し積分して計算する．リーマン和を計算するには，x方向の和を先に取る方法と，y方向の和を先に取る方法の2通りある．

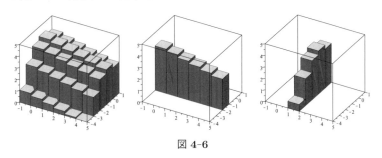

図 4-6

定理 4.6　**累次積分の公式**

　長方形 $R = [a,b] \times [c,d]$ 上の連続関数 $f(x,y)$ について，累次積分の公式が成立する．

$$\iint_R f(x,y)\,dxdy = \int_c^d \left(\int_a^b f(x,y)\,dx \right) dy$$
$$= \int_a^b \left(\int_c^d f(x,y)\,dy \right) dx$$

[証明]　ここでは後者の累次積分を考える．まず，重積分の値を

$$I = \iint_R f(x,y)dxdy$$

とおく．さて，xを固定したとき，yの関数$f(x,y)$は$[c,d]$で連続で，その積分 $g(x) = \int_c^d f(x,y)dy$ は x の関数として連続である（定理6.20）．したがって，次の積分は存在する．

$$J = \int_a^b g(x)dx = \int_a^b \left(\int_c^d f(x,y)dy \right) dx$$

等号 $I = J$ を背理法で証明する．そのため，$I \neq J$ と仮定しておい

て，$0 < \varepsilon < |I - J|$ を満たす正数 ε をとる.

R の分割

$$\Delta = \{a = x_0 < \cdots < x_m = b \,;\, c = y_0 < \cdots < y_n = d\}$$

をとり，代表点 $P_{ij} = (\xi_i, \eta_j) \in R_{ij}$ を選んで，リーマン和を考える.

$$S = S(f, \Delta, \{(\xi_i, \eta_j)\}) = \sum_{i=1}^{m} \sum_{j=1}^{n} f(\xi_i, \eta_j)|R_{ij}|$$

関数 $f(x, y)$，および 1 変数関数 $f(\xi_i, y)$, $g(x)$ は連続関数で積分可能だから，δ を十分小さくとると，$|\Delta| < \delta$ のとき，代表点のとり方によらないで，次の不等式が成立する.

(1)　$|S - I| < \dfrac{\varepsilon}{2}$

(2)　$\left| \displaystyle\sum_{j=1}^{n} f(\xi_i, \eta_j)(y_j - y_{j-1}) - g(\xi_i) \right| < \dfrac{\varepsilon}{4(b-a)}$　$(i = 1, \ldots, m)$

(3)　$\left| \displaystyle\sum_{i=1}^{m} g(\xi_i)(x_i - x_{i-1}) - J \right| < \dfrac{\varepsilon}{4}$

不等式 (2) は

$$-\frac{\varepsilon}{4(b-a)} < \sum_{j=1}^{n} f(\xi_i, \eta_j)(y_j - y_{j-1}) - g(\xi_i) < \frac{\varepsilon}{4(b-a)}$$

であり，$(x_i - x_{i-1})$ をかけて加えると，次の不等式になる.

$$-\frac{\varepsilon}{4} < \sum_{i=1}^{m} \sum_{j=1}^{n} f(\xi_i, \eta_j)|R_{ij}| - \sum_{i=1}^{m} g(\xi_i)(x_i - x_{i-1}) < \frac{\varepsilon}{4}$$

(3) と併せて，$|S - J| < \dfrac{\varepsilon}{2}$ を得る. この不等式と不等式 (1) から，$|I - J| < \varepsilon$ となる. これは，ε のとり方に矛盾する.　□

系 4.7

$[a,b]$ 上の連続関数 $f(x)$ と $[c,d]$ 上の連続関数 $g(y)$ について，
$R = [a,b] \times [c,d]$ とすると，

$$\iint_R f(x)g(y)dxdy = \left(\int_a^b f(x)\,dx \right) \left(\int_c^d g(y)\,dy \right)$$

が成立する．

例題 4.8

次の重積分を計算せよ．

$$\iint_{[-1,1]\times[-1,1]} \frac{2-y^2}{x^2+1}\,dxdy$$

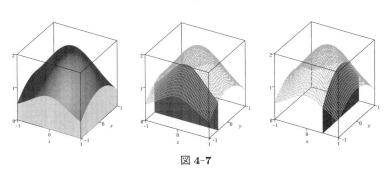

図 4-7

[解] 系 4.7 により，求める重積分の値は次のようになる．

$$\left(\int_{-1}^1 \frac{1}{x^2+1}\,dx \right) \left(\int_{-1}^1 (2-y^2)\,dy \right)$$
$$= \left[\tan^{-1}(x) \right]_{-1}^1 \times \left[2y - \frac{y^3}{3} \right]_{-1}^1 = \frac{5\pi}{3}$$

有界集合 $E \subset \mathbf{R}^2$ が（ジョルダン[2]の意味で）零集合（zero set）

---

2) Camille Jordan, 1838-1922.

であるとは，任意の正数 ε に対して，有限個の長方形 R_i $(i = 1, \ldots, k)$ が存在して，

$$E \subset \bigcup_{i=1}^{k} R_i, \qquad \sum_{i=1}^{k} |R_i| < \varepsilon$$

が成立することをいう．このとき，R_i に重なりがあってもよい．

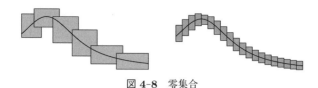

図 4-8   零集合

注意 4.9

簡単にわかるように，点や線分は零集合である．定義から，零集合の部分集合は零集合である．また，零集合 E の境界 ∂E も零集合である．というのは，E を含む有限個の長方形は閉包 $\overline{E} = E \cup \partial E$ も含むからである（補題 1.18）．

命題 4.10

$[a, b]$ 上の連続関数 $f(x)$ のグラフ $\Gamma = \{(x, f(x)) \mid x \in [a, b]\}$ は零集合である．

命題 4.10 と次の定理の証明は第 6 章で行う．

定理 4.11   **定理 4.4 の一般化**

長方形 R 上の有界関数 $f(x, y)$ は零集合を除いたところで連続であれば，積分可能である．

例 4.12

ガウスの関数 $[x]$ は x 以下で最大の整数を表す. 例えば, $[2.2]$ $= 2$ および, $[-2.4] = -3$ である.

長方形 $R = [0, 3] \times [0, 3]$ 上の 2 変数関数 $f(x, y) = [x] + [y]$ は階段状の形状をしている.

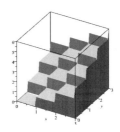

図 4-9 階段関数

このとき, $f(x, y)$ が連続でないのは格子状の直線部分である.

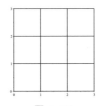

図 4-10

したがって, $f(x, y)$ は積分可能である. 各区間 $[0, 3]$ を $3n$ 等分して, その区間の最小値の組を代表点に選ぶと, リーマン和の値は常に 18 になり,

$$\iint_R f(x, y)\, dxdy = 18$$

であることがわかる.

4.2　一般の図形上の重積分

長方形ではない有界集合 $D \subset \mathbf{R}^2$ 上で定義された関数 $f(x, y)$ の積分の定義は次のようにする．まず，D を含む長方形 R を考える．

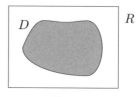

図 4-11

$f(x, y)$ を，D の外側では 0 として，R 上の関数に拡張する．

$$\tilde{f}(x, y) = \begin{cases} f(x, y) & (x, y) \in D \\ 0 & (x, y) \notin D \end{cases}$$

そのとき，$\tilde{f}(x, y)$ が R で積分可能であれば，関数 $f(x, y)$ は D で積分可能であるといい，D 上の重積分を次で定義する．

$$\iint_D f(x, y)\, dxdy = \iint_R \tilde{f}(x, y)\, dxdy$$

関数 $f(x, y)$ が D 上で連続であれば，もちろん，$\tilde{f}(x, y)$ は ∂D を除いたところでは連続であるが，∂D では連続になるとは限らない．定理 4.11 により，次の定理が成立する．例えば，∂D が区分的に連続関数のグラフであれば，∂D は零集合である（命題 4.10）．

定理 4.13

有界閉集合 D 上の連続関数 $f(x, y)$ は，境界 ∂D が零集合であれば，積分可能である．

区間 $[a, b]$ 上の連続関数 $\varphi(x), \psi(x)$ があり，$[a, b]$ において，$\varphi(x)$ $\leq \psi(x)$ を満たしているとする．このとき，

$$D = \{(x, y) \mid a \leq x \leq b, \ \varphi(x) \leq y \leq \psi(x)\}$$

の形の図形を**縦線集合**という．また，区間 $[c, d]$ 上の連続関数 $p(y)$，$q(y)$ があり，$[c, d]$ において，$p(y) \leq q(y)$ を満たしているとする．このとき，

$$D = \{(x, y) \mid c \leq y \leq d, \ p(y) \leq x \leq q(y)\}$$

の形の図形を**横線集合**という．

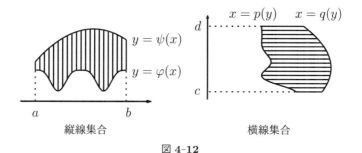

図 4-12

定理 4.14

縦線集合 D 上の連続関数 $f(x, y)$ は積分可能である．さらに，累次積分の公式が成立する．

$$\iint_D f(x, y)dxdy = \int_a^b \left(\int_{\varphi(x)}^{\psi(x)} f(x, y)\, dy \right) dx$$

定理 4.15

横線集合 D 上の連続関数 $f(x, y)$ は積分可能である．さらに

に，累次積分の公式が成立する．

$$\iint_D f(x,y)dxdy = \int_c^d \left(\int_{p(y)}^{q(y)} f(x,y)\,dx \right) dy$$

[証明]　ここでは，定理 4.14 を示す．いま，$[a,b]$ における $\varphi(x)$ の最小値を c，$\psi(x)$ の最大値を d とし，$R = [a,b] \times [c,d]$ とおけば，$D \subset R$ である．境界 ∂D は零集合だから（命題 4.10），$\tilde{f}(x,y)$ は R で積分可能である（定理 4.13）．各 $x \in [a,b]$ について，

$$g(x) = \int_c^d \tilde{f}(x,y)dy = \int_{\varphi(x)}^{\psi(x)} f(x,y)dy$$

は連続関数である（命題 6.21 参照）．このことから，定理 4.6 の証明と同様にして，累次積分公式を示すことができる．　　　□

例 4.16

　三角錐の体積を求めてみよう．頂点を $(1,1,1)$ とし，底面三角形を $D = \{(x,y) \,|\, 0 \le x \le 1,\, 1-x \le y \le 1\}$ とする三角錐を考える．

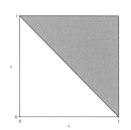
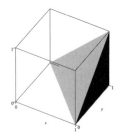

図 4-13　三角錐

　底面の点 (x,y) における三角錐の高さは，$f(x,y) = x + y - 1$ である．D は縦線集合であるので，体積は次のようにして求められる．

$$\iint_D f(x,y)\,dxdy = \int_0^1 \left(\int_{1-x}^1 (x+y-1)\,dy \right) dx$$
$$= \int_0^1 \left[(x-1)y + \frac{y^2}{2} \right]_{1-x}^1 dx = \frac{1}{2}\left[\frac{x^3}{3} \right]_0^1 = \frac{1}{6}$$

例 4.17

横線集合 $D = \{(x,y)\,|\,0 \le y \le 2,\, y^2 - 2y \le x \le y^2\}$ は縦線集合でもある．実際，$D = \{(x,y)\,|\,-1 \le x \le 4,\, \varphi(x) \le y \le \psi(x)\}$ という表示が可能である．ここで，$\varphi(x),\,\psi(x)$ は次のような連続関数である．

$$\varphi(x) = \begin{cases} 1 - \sqrt{x+1} & (-1 \le x \le 0) \\ \sqrt{x} & (0 \le x \le 4) \end{cases} \qquad \psi(x) = \min\{1 + \sqrt{x+1},\, 2\}$$

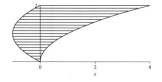 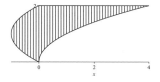

図 4-14　D

関数 e^{y^2} の D 上の重積分を横線集合の累次積分で計算すると

$$\int_0^2 \left(\int_{y^2-2y}^{y^2} e^{y^2}\,dx \right) dy = \int_0^2 2y e^{y^2}\,dy = \left[e^{y^2} \right]_0^2 = e^4 - 1$$

と求まる．しかし，e^{y^2} の原始関数は簡単な関数にはならないので，縦線集合としての累次積分

$$\int_{-1}^4 \left(\int_{\varphi(x)}^{\psi(x)} e^{y^2}\,dy \right) dx$$

は計算できない．

問題 4.1

縦線集合 $D = \left\{ (x, y) \,\middle|\, 0 \le x \le 3, \dfrac{x}{3} \le y \le 1 \right\}$ 上の重積分

$$\iint_D x\sqrt{y^3 + 1}\, dxdy$$

を計算せよ.

命題 4.18

零集合 E 上の有界関数 $f(x, y)$ は積分可能で, 重積分の値は 0 である.

[証明]　E 上で $|f| \le M$ となる正数 M がある. E を含む長方形 R 上に f を延長した関数 $\tilde{f}$ は積分可能である (定理 4.11, 注意 4.9). その積分値を I とする. さて, ε を任意の正数とする. E は零集合だから, R の分割 Δ で, E と交わる小長方形の面積の和が $\dfrac{\varepsilon}{M}$ 未満になるものがとれる. したがって, $0 \le S(|\tilde{f}|, \Delta, \{P_{ij}\}) < \varepsilon$ が成立し, ε は任意であったので,

$$\iint_R |\tilde{f}|\, dxdy = 0$$

である. 命題 4.3 の (3) により, $I = 0$ である.　　　　□

　　縦線集合や横線集合でない有界閉集合においても, 縦線集合や横線集合に分割可能であれば, 次の加法公式により, 重積分を計算することができる.

命題 4.19　加法公式

有界閉集合 D_1, D_2 があり, $\partial D_1, \partial D_2$ は零集合で, $D_1 \cap D_2 \subset \partial D_1 \cap \partial D_2$ とする. このとき, $D = D_1 \cup D_2$ 上の連続関数 $f(x, y)$ について, 次の加法公式が成立する.

$$\iint_D f\,dxdy = \iint_{D_1} f\,dxdy + \iint_{D_2} f\,dxdy$$

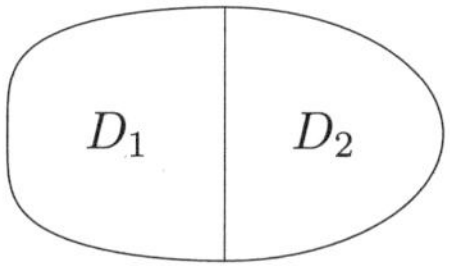

図 4-15 加法公式

[**証明**] $f(x,y)$ を各 D_i に制限した関数を $f_i(x,y)$ とし，$D_1 \cap D_2$ に制限した関数を $f_{12}(x,y)$ とする．D を含む長方形 R をとり，R に拡張した関数をそれぞれ，$\tilde{f}, \tilde{f_1}, \tilde{f_2}, \tilde{f_{12}}$ とする．命題 4.18 により，

$$\iint_R \tilde{f_{12}}\,dxdy = \iint_{D_1 \cap D_2} f_{12}\,dxdy = 0$$

である．また，定理 4.13 により，$\tilde{f_1}, \tilde{f_2}$ は積分可能である．このとき，$\tilde{f} = \tilde{f_1} + \tilde{f_2} - \tilde{f_{12}}$ だから，$\tilde{f}$ も積分可能で，

$$\iint_R \tilde{f}\,dxdy = \iint_R \tilde{f_1}\,dxdy + \iint_R \tilde{f_2}\,dxdy - \iint_R \tilde{f_{12}}\,dxdy$$

が成立し（命題 4.3），加法公式に到達する． ☐

有界集合 D 上の重積分に関する次の性質は命題 4.3 から従う．

命題 4.20

有界集合 D 上の積分可能な関数 $f(x,y)$, $g(x,y)$ について，次の積分公式が成立する．

(1) a, b を定数とするとき，

$$\iint_D (af + bg)\,dxdy = a\iint_D f\,dxdy + b\iint_D g\,dxdy$$

(2) $f(x,y) \leq g(x,y)$ であれば，

$$\iint_D f \, dxdy \le \iint_D g \, dxdy$$

(3) $|f(x,y)|$ も積分可能で,

$$\left| \iint_D f \, dxdy \right| \le \iint_D |f| \, dxdy$$

例題 4.21

下図のような図形上で,関数 $|x|$ の重積分を計算せよ.

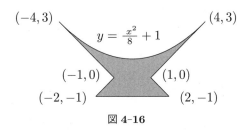

$(-4,3)$　$(4,3)$

$y = \dfrac{x^2}{8} + 1$

$(-1,0)$　$(1,0)$

$(-2,-1)$　$(2,-1)$

図 4-16

[解] x 軸で分割すると 2 つの縦線集合になる.

$$D_1 = \{(x,y) \mid -4 \le x \le 4,\ \varphi_1(x) \le y \le \psi_1(x)\},$$
$$D_2 = \{(x,y) \mid -2 \le x \le 2,\ \varphi_2(x) \le y \le \psi_2(x)\}.$$

ここで,$\varphi_1, \varphi_2, \psi_1, \psi_2$ は次の連続関数である.

$$\varphi_1(x) = \begin{cases} -x-1 & (-4 \le x \le -1) \\ 0 & (-1 \le x \le 1) \\ x-1 & (1 \le x \le 4) \end{cases} \qquad \psi_1(x) = \frac{x^2}{8} + 1$$

$$\varphi_2(x) = -1 \qquad \psi_2(x) = \begin{cases} x+1 & (-2 \le x \le -1) \\ 0 & (-1 \le x \le 1) \\ -x+1 & (1 \le x \le 2) \end{cases}$$

累次積分を実行すると,次のようになる.

$$\iint_{D_1} |x|\, dxdy = \int_{-4}^{4} |x|\{\psi_1(x) - \varphi_1(x)\}\, dx = 5$$

$$\iint_{D_2} |x|\, dxdy = \int_{-2}^{2} |x|\{\psi_2(x) - \varphi_2(x)\}\, dx = \frac{7}{3}$$

したがって，求める重積分の値は $\dfrac{22}{3}$ である．

4.3　面積

有界集合 $D \subset \mathbf{R}^2$ について，定数関数 1 の重積分は D の面積であると考えられる．

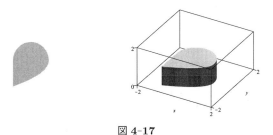

図 4-17

そこで，定数関数 1 が D で積分可能なら，D は**面積確定である**といい，

$$|D| = \iint_D 1\, dxdy$$

を D の**面積**（area）と定義する．定理 4.13 により，境界 ∂D が零集合であれば，D は面積確定である．

注意 4.22

縦線集合 $D = \{(x, y) \mid a \le x \le b,\ \varphi(x) \le y \le \psi(x)\}$ の面積は累次

積分により,

$$\int_a^b \left(\int_{\varphi(x)}^{\psi(x)} 1 \, dx \right) dy = \int_a^b \{\psi(x) - \varphi(x)\} dx$$

で計算される.

命題 4.18 により, 零集合の面積は 0 であるが, 逆に, 面積 0 の有界集合が零集合であることも容易にわかる.

例題 4.23

アフィン変換 $\Phi : (x, y) \to (px + qy + h, rx + sy + k)$ のヤコビ行列式は $J_\Phi = ps - qr \neq 0$ であった (例 3.20). Φ により, 正方形 $R = [0, 1] \times [0, 1]$ は平行四辺形 D に移る. 重積分を用いて, D の面積が $|J_\Phi| = |ps - qr|$ であることを示せ.

[解] D の 4 頂点は (h, k), $(p + h, r + k)$, $(p + q + h, r + s + k)$, $(q + h, s + k)$ である. ここでは, $p > q > 0$, $ps - qr > 0$ の場合を考える. このとき, $\dfrac{s}{q} > \dfrac{r}{p}$ である.

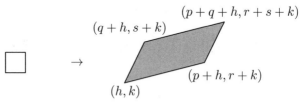

図 4-18 アフィン変換

いま, 関数 $\varphi(x), \psi(x)$ を次のように定める.

$$\varphi(x) = \begin{cases} \dfrac{r}{p}(x-h)+k & (h \le x \le p+h) \\[2mm] \dfrac{s}{q}(x-p-h)+r+k & (p+h \le x \le p+q+h) \end{cases}$$

$$\psi(x) = \begin{cases} \dfrac{s}{q}(x-h)+k & (h \le x \le q+h) \\[2mm] \dfrac{r}{p}(x-q-h)+s+k & (q+h \le x \le p+q+h) \end{cases}$$

このとき，$D = \{(x,y) \mid h \le x \le p+q+h, \varphi(x) \le y \le \psi(x)\}$ は縦線集合である．したがって，D の面積計算は次のようになる．

$$|D| = \int_h^{p+q+h} \left(\int_{\varphi(x)}^{\psi(x)} 1\,dx \right) dy$$
$$= \int_h^{p+q+h} \psi(x)dx - \int_h^{p+q+h} \varphi(x)dx = ps - qr$$

4.4 変数変換

重積分の計算に変数変換が有用なことがある．例えば，極座標は座標変換 $\Phi : (r,\theta) \to (r\cos\theta, r\sin\theta) = (x,y)$ で定義される．長方形 $R = [a,b] \times [\alpha,\beta]$ の像 $D = \Phi(R)$ は扇面形である．

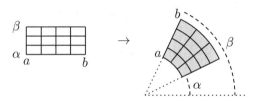

図 4-19　極座標

D 上の連続関数 $f(x,y)$ の積分を考える．R の分割

$$\Delta : a = r_0 < r_1 < \cdots < r_m = b;\ \alpha = \theta_0 < \theta_1 < \cdots < \theta_n = \beta$$

を与えると，D は $R_{ij} = [r_{i-1}, r_i] \times [\theta_{j-1}, \theta_j]$ の像 $D_{ij} = \Phi(R_{ij})$ （扇面形）に分割され，D_{ij} の面積は

$$|D_{ij}| = \frac{(r_i^2 - r_{i-1}^2)(\theta_j - \theta_{j-1})}{2} = \frac{r_i + r_{i-1}}{2} \cdot |R_{ij}|$$

である．関数 $g(r, \theta) = f(\Phi(r, \theta))\, r = f(r\cos\theta, r\sin\theta)\, r$ に対して，代表点 $P_{ij} = (r_i, \theta_j) \in R_{ij}$ を選ぶと，リーマン和の近似式

$$S(g, \Delta, \{P_{ij}\}) \approx \sum_{i=1}^{m} \sum_{j=1}^{n} f(r_i \cos\theta_j, r_i \sin\theta_j)|D_{ij}|$$

があるので，次の変換公式が成立すると思われる．

$$\iint_D f(x, y)\, dxdy = \iint_R f(r\cos\theta, r\sin\theta)\, rdrd\theta$$

一般に，重積分に関しては次の変数変換公式が成立する．

定理 4.24   **変数変換公式**

E を $\mathbf{R}^2$ の有界閉集合（∂E は零集合）とし，E を含む開集合 U から $\mathbf{R}^2$ への C^1 級 1 対 1 写像 $\Phi : (u, v) \to (x, y)$ があり，ヤコビ行列式 J_Φ が U 上で 0 にならないとする．このとき，像 $D = \Phi(E)$ 上の連続関数 $f(x, y)$ について，

$$\iint_D f(x, y)dxdy = \iint_E f(\Phi(u, v))|J_\Phi(u, v)|dudv$$

が成立する．とくに，D の面積は

$$|D| = \iint_E |J_\Phi|dudv$$

で与えられる．

本書では証明は割愛する[3]. ここでは，直感的な略証を述べる．いま，E は長方形 $[a, b] \times [c, d]$ とする．E の分割

$$\Delta : a = u_0 < u_1 < \cdots < u_m = b; c = v_0 < v_1 < \cdots < v_n = d$$

を考え，長方形 $E_{ij} = [u_{i-1}, u_i] \times [v_{j-1}, v_j]$, 像 $D_{ij} = \Phi(E_{ij})$, 点 $P_{ij} = (u_i, v_j) \in E_{ij}$ を定める．分割 Δ を細かくとるとき，$\Phi = (\varphi_1, \varphi_2)$ の成分関数 $\varphi_i(u, v)$ は E_{ij} 上では 1 次関数

$$\psi_i(u, v) = \varphi_i(P_{ij}) + \frac{\partial \varphi_i}{\partial u}(P_{ij})(u - u_i) + \frac{\partial \varphi_i}{\partial v}(P_{ij})(v - v_j)$$

で近似される $(i = 1, 2)$. このとき，アフィン変換 $\Psi = (\psi_1, \psi_2)$ による E_{ij} の像 $\Psi(E_{ij})$ は平行四辺形で，$J_\Psi = J_\Phi(P_{ij})$ だから，その面積は次式で表される（例題 4.23）．

$$|\Psi(E_{ij})| = |J_\Phi(P_{ij})||E_{ij}|$$

したがって，近似式 $|D_{ij}| \approx |J_\Phi(P_{ij})||E_{ij}|$ が成立する．

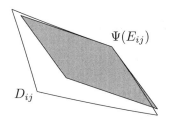

図 4-20　アフィン変換による近似

さて，

$$\int_D f(x, y)\, dxdy = \sum_{i,j} \int_{D_{ij}} f(x, y)\, dxdy$$

3) 歴史に関する次の論文がある．V.J.Katz: Change of variables in multiple integrals, Euler to Cartan, *Math. Mag.*, **55**, 3-11, 1982.

であり，D_{ij} 上の重積分を

$$f(\Phi(P_{ij}))|D_{ij}| \approx f(\Phi(P_{ij}))|J_\Phi(P_{ij})||E_{ij}|$$

で近似すると，$f(\Phi(u,v))|J_\Phi(u,v)|$ は E 上の連続関数だから，

$$\lim_{|\Delta|\to 0}\sum_{i,j} f(\Phi(P_{ij}))|J_\Phi(P_{ij})||E_{ij}| = \int_E f(\Phi(u,v))|J_\Phi(u,v)|\,dudv$$

が成立し，変換公式に到達する.

注意 4.25

極座標の場合，ヤコビ行列式は

$$J_\Phi = \begin{vmatrix} \cos\theta & \sin\theta \\ -r\sin\theta & r\cos\theta \end{vmatrix} = r$$

となり，前の議論と一致する. ただ，$a=0$ の場合，厳密には，定理 4.24 は適用できないが，$\varepsilon > 0$ について，$R_\varepsilon = [\varepsilon, b] \times [\alpha, \beta]$ 上の積分を考え $\varepsilon \to 0$ とすることで，変換公式はそのまま成立する.

系 4.26

横線集合 $E = \{(r,\theta)\,|\,\alpha \le \theta \le \beta,\, p(\theta) \le r \le q(\theta)\}$ の極座標変換による像 $D = \Phi(E)$ を考える. ここで，$p(\theta), q(\theta)$ は $[\alpha, \beta]$ 上の連続関数である. このとき，D 上の連続関数 $f(x,y)$ の重積分は次の累次積分に変換される.

$$\iint_D f(x,y)\,dxdy = \int_\alpha^\beta \left(\int_{p(\theta)}^{q(\theta)} f(r\cos\theta, r\sin\theta)\,rdr\right)d\theta$$

とくに，D の面積は次の公式で求められる.

$$|D| = \frac{1}{2}\int_\alpha^\beta \left\{q(\theta)^2 - p(\theta)^2\right\}d\theta$$

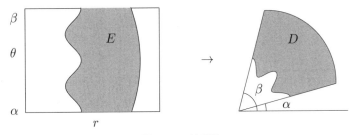

図 4-21 極座標

問題 4.2

極座標では, 中心が $(1,0)$ で半径 1 の閉円板は

$$D = \{(r,\theta) \mid -\frac{\pi}{2} \leq \theta \leq \frac{\pi}{2}, \, 0 \leq r \leq 2\cos\theta\}$$

と表される. 次の重積分を計算せよ.

$$\iint_D x \, dxdy$$

例題 4.27

半球の内部 $\{x^2 + y^2 + z^2 \leq 4^2, \, z \geq 0\}$ で, 円柱 $x^2 + y^2 = 2^2$ の外側にある部分の体積を求めよ.

図 4-22

[解] 極座標を用いて積分すれば, より簡単である.

$$\int_0^{2\pi} \left(\int_2^4 \sqrt{4^2 - r^2}\, r\, dr \right) d\theta = 2\pi \left[-\frac{1}{3}(4^2 - r^2)^{3/2} \right]_2^4 = 16\sqrt{3}\pi$$

例題 4.28

双葉曲線 $(x^2 + y^2)^2 - 4x^2 y = 0$ の囲む図形の面積を求めよ.

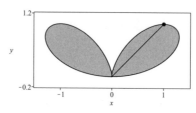

図 4-23　双葉曲線

[解]　極方程式は $r = 4\cos^2\theta\sin\theta \ (0 \le \theta \le \pi)$ である.

$$面積 = \int_0^\pi 8\cos^4\theta\sin^2\theta\, d\theta = \frac{\pi}{2}$$

アフィン変換 $\Phi : (u, v) \to (pu + qv + h, ru + sv + k)$ の場合, $J_\Phi = ps - qr$ だから, $D = \Phi(E)$ 上の重積分の変換公式は

$$\iint_D f(x, y)\, dxdy$$
$$= |ps - qr| \iint_E f(pu + qv + h, ru + sv + k)\, dudv$$

となる.　長方形の像は平行四辺形になることから, 平行四辺形上の重積分の計算が簡単になることがある.

例題 4.29

四点 $(1, 0), (3, 1), (2, 2), (0, 1)$ を頂点とする平行四辺形 D を考える.　このとき, 次の重積分を求めよ.

$$I = \iint_D \frac{3y}{x+y}\,dxdy$$

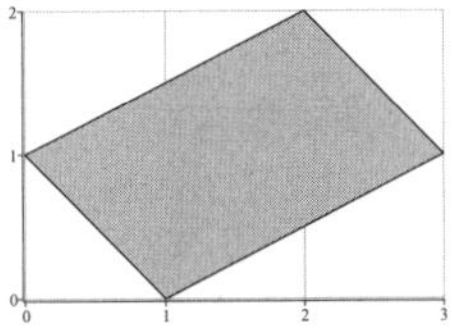

図 **4-24**　平行四辺形 D

[解]　簡単な計算で，正方形 $[0,1] \times [0,1]$ を D に移すアフィン変換 $\Phi : (u,v) \to (2u - v + 1, u + v)$ が求まる．このとき，$J_\Phi = 3$ であるので，

$$I = \int_0^1 \left(\int_0^1 \frac{9(u+v)}{3u+1} dv \right) du = \int_0^1 \left[\frac{9(u+v)^2}{2(3u+1)} \right]_0^1 du$$

$$= \int_0^1 \left\{ 3 + \frac{3}{2(3u+1)} \right\} du = \left[3u + \frac{1}{2}\log(3u+1) \right]_0^1 = 3 + \log 2$$

と計算される．

4.5　広義重積分

　2変数関数の広義積分を導入する．積分を考える集合 $D \subset \mathbf{R}^2$ が有界でないか，関数 $f(x,y)$ が有界でない場合を考える．ここでは，$f(x,y) \geq 0$ を仮定し，$f(x,y)$ は D 上で連続とする．このとき，有界閉集合の列 $D_n \subset D$ をとり（∂D_n は零集合とする），D_n 上の重積分の極限として，**広義積分**（improper integral）を定義する．

$$\iint_D f(x,y)dxdy = \lim_{n\to\infty} \iint_{D_n} f(x,y)dxdy$$

すなわち，右辺の極限が存在するとき，その値が広義積分である．
ただし，列 $\{D_n\}$ は次の条件を満たすとする．

(1)　包含関係 $D_1 \subset D_2 \subset \cdots \subset D_n \subset \cdots$ がある．

(2)　D 内の任意の有界閉集合 X に対して，番号 n が存在して，$X \subset D_n$ が成立する．

補題 4.30

　$D \subset \mathbf{R}^2$ 上の連続関数 $f(x,y) \geq 0$ の広義積分の値は列 $\{D_n\}$ のとり方によらない．

[証明]　$\{E_n\}$ を条件 (1), (2) を満たす他の有界閉集合の列とし，

$$I_n = \iint_{D_n} fdxdy, \quad J_n = \iint_{E_n} fdxdy$$

とおく．仮定 $f(x,y) \geq 0$ があるので，数列 $\{I_n\}$ および，数列 $\{J_n\}$ は単調増加数列である．いま，極限 $I = \lim_{n\to\infty} I_n$ が存在することを仮定する．条件 (2) により，$E_n \subset D_m$ となる m が存在し，不等式 $J_n \leq I_m \leq I$ が成立する．したがって，上に有界な単調増加列 $\{J_n\}$ は収束し（定理 6.7），極限 J は $J \leq I$ を満たす．同じ理由で，$I \leq J$ も成立するので，$I = J$ である．　　　□

例題 4.31

　広義積分を用いて，確率積分 $I = \int_{-\infty}^{\infty} e^{-x^2}dx$ を計算せよ．

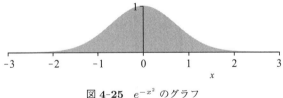

図 4-25 e^{-x^2} のグラフ

[解] 2変数関数 $f(x,y) = e^{-x^2-y^2}$ を考える. まず, 正方形 $D_n = [-n,n] \times [-n,n]$ 上の重積分を求める. 累次積分により,

$$\iint_{D_n} f(x,y)\,dxdy = \int_{-n}^{n}\left(\int_{-n}^{n} f(x,y)\,dx\right) dy$$
$$= \left(\int_{-n}^{n} e^{-x^2}\,dx\right)^2$$

となる. よって, $n \to \infty$ として,

$$\iint_{\mathbf{R}^2} f(x,y)\,dxdy = I^2$$

を得る. 次に, 閉円板 $E_n = \{(x,y)\,|\,x^2+y^2 \le n^2\}$ を考える.

$$\iint_{E_n} f(x,y)\,dxdy = \int_{0}^{2\pi}\left(\int_{0}^{n} e^{-r^2}r\,dr\right) d\theta$$
$$= 2\pi\left[-\frac{1}{2}e^{-r^2}\right]_{0}^{n} = \pi(1-e^{-n^2})$$

したがって, $n \to \infty$ として,

$$\iint_{\mathbf{R}^2} f(x,y)\,dxdy = \pi$$

となり, $I = \sqrt{\pi}$ が結論される.

例題 4.32

$D = \{(x,y)\,|\,0 < x^2+y^2 \le 1\}$ 上で, 関数

$$f_\alpha(x,y) = \frac{1}{(x^2+y^2)^{\alpha/2}} \qquad (0 < \alpha < 2)$$

の広義積分を計算せよ.

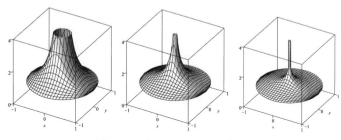

図 **4-26**　f_1, $f_{1/2}$, $f_{1/4}$ のグラフ

[解]　閉円環 $E_n = \left\{(x,y) \ \middle| \ \dfrac{1}{n^2} \le x^2 + y^2 \le 1\right\}$ 上の重積分の極限
として計算すると,求める広義積分の値は次のようになる.

$$\lim_{n\to\infty} \iint_{E_n} f_\alpha(x,y)\,dxdy = \lim_{n\to\infty} \int_0^{2\pi} \left(\int_{1/n}^1 r^{1-\alpha}\,dr \right) d\theta$$

$$= \lim_{n\to\infty} \frac{2\pi}{2-\alpha}\left\{1 - \left(\frac{1}{n}\right)^{2-\alpha}\right\} = \frac{2\pi}{2-\alpha}$$

問題 4.3

$D = [0,1] \times [0,1] \setminus \{(0,0)\}$ 上で次の関数の広義積分を求めよ.

$$(1)\quad \frac{1}{\sqrt{x+y}} \qquad\qquad (2)\quad \frac{1}{y+x^2}$$

(ヒント)　正方形 $D_n = \left[\dfrac{1}{n},1\right] \times \left[\dfrac{1}{n},1\right]$ 上の重積分の極限を計
算せよ.

　条件 $f(x,y) \ge 0$ が満たされない場合,補題 4.30 は必ずしも成
立しない.しかし,$|f(x,y)|$ の広義積分が存在すれば,広義積分の

定義が可能である．いま，$f^+(x,y) = \max\{f(x,y),0\}$，$f^-(x,y) = \max\{-f(x,y),0\}$ とおくと，$|f| = f^+ + f^-$ かつ，$f = f^+ - f^-$ である．このとき，$0 \le f^+ \le |f|$，$0 \le f^- \le |f|$ だから，$|f|$ が広義積分可能であれば，f^+ も f^- も広義積分可能である．このとき，$f = f^+ - f^-$ であるので，f についても，補題 4.30 は成立する．

以上のことから，一般の関数 $f(x,y)$ については，$|f|$ が D で広義積分可能なとき，**広義積分可能**であると定義する．

例 4.33

$D = \{(x,y) \mid 0 < x^2 + y^2 \le 1\}$ 上で次の関数を考える．

$$f(x,y) = \frac{x + y + \dfrac{1}{2}}{\sqrt{x^2 + y^2}}$$

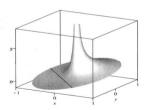

図 **4-27**　$z = f(x,y)$ のグラフ

$D \cap \left\{(x,y) \;\middle|\; x + y + \dfrac{1}{2} < 0\right\}$ では $f(x,y) < 0$ である．例題 4.32 のように閉円環 E_n を定める．そうすると，広義積分の計算は次のようになる．

$$\iint_D f(x,y)dxdy = \lim_{n \to \infty} \iint_{E_n} f(x,y)\,dxdy$$

$$= \lim_{n \to \infty} \int_0^{2\pi} \left(\int_{1/n}^1 \left\{ r(\cos\theta + \sin\theta) + \frac{1}{2} \right\} dr \right) d\theta = \pi$$

4.6　3重積分

2変数関数と同様にして，3変数関数 $f(x, y, z)$ の3重積分（triple integral）も定義される．とくに，直方体 $K = [a, b] \times [c, d] \times [p, q]$ 上の連続関数 $f(x, y, z)$ は積分可能であり，累次積分公式

$$\iiint_K f(x, y, z)\, dxdydz$$

$$= \int_p^q \left(\int_c^d \left(\int_a^b f(x, y, z)\, dx \right) dy \right) dz$$

なども成立する．

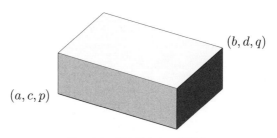

図 4-28　直方体上の3重積分

有界集合 V 上の関数 $f(x, y, z)$ については，V を含む直方体 K をとり，f を $K \setminus V$ で0として，K 上の関数 $\tilde{f}$ に拡張して，

$$\iiint_V f\, dxdydz = \iint_K \tilde{f}\, dxdydz$$

と定義する．1が積分可能のとき，V は**体積確定**であるといい，

$$|V| = \iiint_V 1\, dxdydz$$

を V の**体積**（volume）と定義する．

応用上は，次の累次積分公式が有用である．証明は省略する．

定理 4.34

空間縦線集合

$$V = \{(x, y, z) \in \mathbf{R}^3 \mid (x, y) \in D, \varphi(x, y) \le z \le \psi(x, y)\}$$

を考える．ここで，$D \in \mathbf{R}^2$ は有界閉集合（∂D は零集合）とし，$\varphi(x, y), \psi(x, y)$ は D 上の連続関数で，D 上で，$\varphi(x, y) \le \psi(x, y)$ を満たしているとする．このとき，V 上の連続関数 $f(x, y, z)$ について，累次積分公式

$$\iiint_V f(x, y, z)\, dxdydz = \int_D \left(\int_{\varphi(x,y)}^{\psi(x,y)} f(x, y, z) dz \right) dxdy$$

が成立する．とくに，次の体積公式が得られる．

$$|V| = \iint_D \{\psi(x, y) - \varphi(x, y)\} dxdy$$

定理 4.35   **カバリエリ（Cavalieri）の原理**

有界閉集合 $V \subset [a, b] \times [c, d] \times [p, q]$ を考え（V は体積確定）．水平な平面による切り口

$$D_z = \{(x, y) \in [a, b] \times [c, d] \mid (x, y, z) \in V\}$$

の境界 ∂D_z は零集合であるとする（$z \in [p, q]$ は任意）．このとき，V 上の連続関数 $f(x, y, z)$ に対して，累次積分公式

$$\iiint_V f(x, y, z)\, dxdydz = \int_p^q \left(\int_{D_z} f(x, y, z)\, dxdy \right) dz$$

が成立する．とくに，次の体積公式が得られる．

$$|V| = \int_p^q |D_z|\, dz$$

空間極座標 (r,θ,ϕ)（定義 2.24 参照）に関する変数変換公式は次のようになる．変数変換写像のヤコビ行列式を計算すればよい．有界閉集合 V に対応する (r,θ,ϕ) 空間の有界閉集合を W とする．

$$\iiint_V f(x,y,z)\,dxdydz$$
$$= \iiint_W f(r\sin\theta\cos\phi, r\sin\theta\sin\phi, r\cos\theta)\,r^2\sin\theta\,drd\theta d\phi$$

例題 4.36

半径 a の球の内部で，二つの円錐にはさまれた部分

$$V = \{(x,y,z)\,|\,x^2+y^2+z^2\le a^2, \sqrt{x^2+y^2}\le z \le \sqrt{3(x^2+y^2)}\}$$

の体積を求めよ．

[解] 空間極座標 (r,θ,ϕ) を用いると，V は

$$(r,\theta,\phi)\in [0,a]\times\left[\frac{\pi}{6},\frac{\pi}{4}\right]\times[0,2\pi]$$

で表示される．したがって，体積 $|V|$ は次のように計算される．

$$\int_0^{2\pi}\left(\int_{\pi/6}^{\pi/4}\left(\int_0^a r^2\sin\theta\,dr\right)d\theta\right)d\phi = \frac{(\sqrt{3}-\sqrt{2})a^3\pi}{3}$$

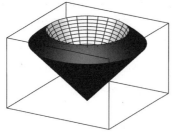

図 4-29　球の部分

演習問題 4

1　次の関数の $[0,1] \times [0,1]$ 上の重積分を計算せよ.

(1)　$2xy - x^2y^2$　　　　(2)　$y \cos \pi(x - y)$

2　次の図形がある.

$D_1 = \{(x,y) \mid -1 \leq x \leq 1, |x| \leq y \leq 1\}$,

$D_2 = \left\{(x,y) \mid -\dfrac{\pi}{3} \leq \theta \leq \dfrac{\pi}{3}, 1 \leq r \leq 2\cos\theta \right\}$　（極座標）

$D_3 = \{(x,y) \mid 0 \leq x \leq 1, 0 \leq y \leq \log(x+1)\}$

(1)　D_1, D_2, D_3 を表す図をそれぞれ下記の中から選べ.

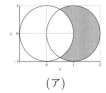 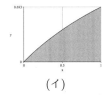 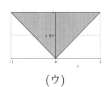

　　　（ア）　　　　　　　（イ）　　　　　　　（ウ）

(2)　D_1 上で y^2 の重積分を計算せよ. また, その値は次のどの立体の体積に相当するか.

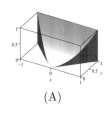 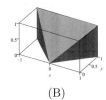 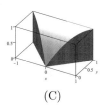

　　（A）　　　　　　　（B）　　　　　　　（C）

(3)　下記の重積分を計算せよ.

(a)　$\displaystyle\iint_{D_2} 1\,dxdy$　　(b)　$\displaystyle\iint_{D_3} x\,dxdy$

3 次の立体の体積を求めよ.

(1) 放物線柱面 $x = 2y^2$ と二つの平面 $z = 2 - x$, $z = 0$ で囲まれた立体.

(2) 円柱面 $x^2 + y^2 = 1$ と二つの平面 $z = 0$, $z = y + 2$ で囲まれた立体.

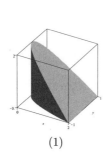 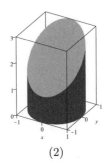

(1)　　　　　　　　　(2)

4 極方程式

$$r = \frac{3}{2 - \cos\theta}$$

は原点 O を焦点とする楕円を表す. この楕円と原点を通る二つの半直線 $(y = 0,\ y = \sqrt{3}\,x,\ x \geq 0)$ とで囲まれる部分の面積を求めよ（下図参照）.

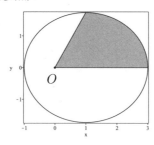

5 $\mathbf{R}^2$ 上で次の関数の広義積分を計算せよ.

(1) $\dfrac{1}{(1+x^2)(1+y^2)}$　　　(2) $\dfrac{1}{(1+x^2+y^2)^2}$

第 **5** 章

線積分と面積分

　アルキメデス（Archimedes, B.C. 287-212）は円周の長さを内接正多角形と外接正多角形の周長で近似して，円周率の近似値 3.14 を得た．さらに，アルキメデスは球の帯部分の表面積が球に外接する円柱の同じ高さの帯部分の表面積に等しいことを発見した．

　17 世紀以降，なめらかな曲線の長さやなめらかな曲面の表面積は微積分を用いて計算されるようになった．

5.1　なめらかな曲線

平面内のパラメータ表示された曲線 $C = \{(\varphi(t), \psi(t)) \mid t \in [a, b]\}$ がなめらかな（滑らかな）曲線（smooth curve）であるとは，$\varphi(t)$, $\psi(t)$ が $[a, b]$ 上の C^1 級関数であって，

$$(\varphi'(t), \psi'(t)) \neq (0, 0) \qquad (t \in (a, b))$$

という条件（正則条件）を満たすことをいう．点 $(\varphi(a), \psi(a))$ を始点（initial point），点 $(\varphi(b), \psi(b))$ を終点（terminal point）という．始点と終点が一致する曲線を閉曲線とよぶ．曲線 C には始点から終点へ動くという向き（orientation）がある．曲線

$$-C = \{(\varphi(b - (t - a)), \psi(b - (t - a))) \mid t \in [a, b]\}$$

は曲線 C を逆向きにたどる曲線である．

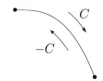

図 5-1　曲線の向き

動点 $(\varphi(t), \psi(t))$ が戻ったりすることはない．しかし，次の図のように交差することはある．

図 5-2　交差図

例 5.1

古代から，いろいろな面白い曲線が発見され，様々な観点から研究されてきた．

(1) 3 次曲線 $C_1 = \{(1 - t^2, t - t^3) \mid t \in [-1.2, 1.2]\}$

(2) アルキメデスらせん $C_2 = \{(t\cos 2t, t\sin 2t) \mid t \in [0, 2\pi]\}$

(3) リサジュー曲線 $C_3 = \{(\cos 3t, \cos 5t) \mid t \in [0, \pi]\}$

(4) カテナリー曲線 $C_4 = \left\{ \left(t, \dfrac{e^t + e^{-t}}{2}\right) \,\middle|\, t \in [-1, 1] \right\}$

(5) サイクロイド曲線 $C_5 = \{(t - \sin t, 1 - \cos t) \mid t \in [0, 2\pi]\}$

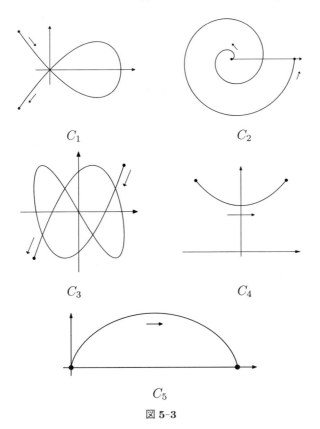

C_1 C_2

C_3 C_4

C_5

図 5-3

　　なめらかな曲線 $C = \{(\varphi(t), \psi(t)) \mid t \in [a, b]\}$ 上の $t_0 \in (a, b)$ に対応する点 $P_0 = (\varphi(t_0), \psi(t_0))$ には**接ベクトル** $(\varphi'(t_0), \psi'(t_0))$ が定義され，接線の方向を表す．実際，

$$(\varphi'(t_0), \psi'(t_0)) = \lim_{t \to t_0} \left(\frac{\varphi(t) - \varphi(t_0)}{t - t_0}, \frac{\psi(t) - \psi(t_0)}{t - t_0} \right) = \lim_{P \to P_0} \frac{\overrightarrow{P_0 P}}{t - t_0}$$

である．

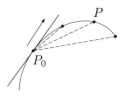

図 5-4　接ベクトル

したがって，点 P_0 における接線の方程式は

$$\varphi'(t_0)(y - \psi(t_0)) - \psi'(t_0)(x - \varphi(t_0)) = 0$$

で与えられる．

例 5.2

　　円のパラメータ表示曲線 $\{(\cos t, \sin t) \mid t \in [0, 2\pi]\}$ の場合，接ベクトルは $(-\sin t, \cos t)$ であり，$t = \dfrac{\pi}{4}, \dfrac{3\pi}{4}, \dfrac{5\pi}{4}, \dfrac{7\pi}{4}$ における接ベクトルは下図のように図示される．

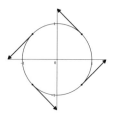

図 5-5　円の接ベクトル

曲線 C_1, C_2 があり，C_1 の終点と C_2 の始点が一致しているとき，C_1 と C_2 を結合した曲線を $C_1 + C_2$ で表す．有限個のなめらかな曲線を結合した曲線を区分的になめらかな曲線（piecewise smooth curve）という．

図 5-6　区分的になめらかな曲線

例題 5.3

3 点 $(0,0)$, $(2,1)$, $(1,1)$ を頂点とする三角形を動く区分的になめらかな曲線 C を構成せよ．

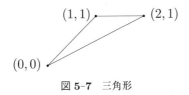

図 5-7　三角形

[解]　各辺に対応する 3 曲線を結合することにより，C は

$$(\varphi(t), \psi(t)) = \begin{cases} \left(t, \dfrac{t}{2}\right) & t \in [0,2] \\ (4-t, 1) & t \in [2,3] \\ (4-t, 4-t) & t \in [3,4] \end{cases}$$

と表される．$t = 2$ では φ, ψ が，$t = 3$ では ψ が微分可能でない．

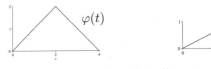

図 5-8　関数 φ, ψ

命題 5.4

区分的になめらかな曲線 C は零集合である.

[証明]　もちろん，C がなめらかな曲線のときに証明すれば十分である．そこで，$C = \{(\varphi(t), \psi(t)) \mid t \in [a, b]\}$ とし，

$$M = \max_{t \in [a,b]} \{|\varphi'(t)|, |\psi'(t)|\}$$

とおく．任意の正数 ε に対して，$n > \dfrac{4M^2(b-a)^2}{\varepsilon}$ となる自然数 n をとる．そこで，$[a, b]$ の n 等分分割

$$\Delta = \{a = t_0 < \cdots < t_n = b\}, \qquad t_i = a + \frac{i(b-a)}{n}$$

を考え，$P_i = (\varphi(t_i), \psi(t_i))$ とおく．1 変数関数の平均値の定理により，$t \in [t_{i-1}, t_i]$ のとき，

$$\varphi(t_i) - \varphi(t) = \varphi'(\xi_i)(t_i - t), \quad \psi(t_i) - \psi(t) = \varphi'(\eta_i)(t_i - t)$$

を満たす $\xi_i, \eta_i \in (t, t_i)$ が存在し，

$$|\varphi(t_i) - \varphi(t)| \le \frac{M(b-a)}{n}, \quad |\psi(t_i) - \psi(t)| \le \frac{M(b-a)}{n}$$

が成立する．したがって，P_i を中心とする一辺が $\dfrac{2M(b-a)}{n}$ の正方形を R_i とすれば，$C \subset \bigcup_{i=1}^{n-1} R_i$ である．このとき，

$$\sum_{i=1}^{n-1} |R_i| < \frac{4M^2(b-a)^2}{n} < \varepsilon$$

となるので，C は零集合である．　□

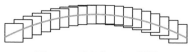

図 5-9　正方形による被覆

なめらかな空間曲線 (smooth space curve) は C^1 級関数 $\varphi(t)$, $\psi(t), \zeta(t)$ でパラメータ表示された空間内の曲線

$$C = \{(\varphi(t), \psi(t), \zeta(t)) \,|\, t \in [a, b]\}$$

で, 正則条件

$$(\varphi'(t), \psi'(t), \zeta'(t)) \neq (0, 0, 0) \quad (t \in (a, b))$$

を満たすものをいう. また, 点 $P_0 = (\varphi(t_0), \psi(t_0), \zeta(t_0))$ における C の接ベクトルは $(\varphi'(t_0), \psi'(t_0), \zeta'(t_0))$ である.

例 5.5

空間曲線 $C_1 = \{(t, \cos(2\pi t), \sin(2\pi t)) \,|\, t \in [0, 5]\}$ はコイル状になる. つるまき線, ヘリックス (helix) などと呼ばれる.

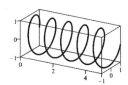

図 5-10 ヘリックス C_1

また, 空間曲線 $C_2 = \{(t\cos(2\pi t), t\sin(2\pi t), t) \,|\, t \in [0, 5]\}$ もヘリックスの一種で, 円錐 $x^2 + y^2 - z^2 = 0$ 上にある.

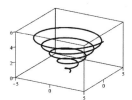

図 5-11 ヘリックス C_2

5.2 曲線の長さと関数の線積分

なめらかな曲線 $C = \{(\varphi(t), \psi(t)) \mid t \in [a, b]\}$ の長さ $L(C)$ は

$$L(C) = \int_a^b \sqrt{\varphi'(t)^2 + \psi'(t)^2} dt$$

で定義される．区分的になめらかな曲線の長さは構成する各なめらかな曲線の長さの総和とする．

区間 $[a, b]$ の分割 $\Delta = \{a = t_0 < \cdots < t_n = b\}$ をとり，曲線 C 上の点 $(\varphi(t_i), \psi(t_i))$ を順に結んだ折れ線の長さを考える．

$$L(\Delta) = \sum_{i=1}^n \sqrt{\{\varphi(t_i) - \varphi(t_{i-1})\}^2 + \{\psi(t_i) - \psi(t_{i-1})\}^2}$$

図 5-12 折れ線の長さ

このとき，$|\Delta| = \max_i\{t_i - t_{i-1}\}$ とすると，$|\Delta| \to 0$ のとき，$L(\Delta)$ は $L(C)$ に収束する．曲線の長さ $L(C)$ の定義の妥当性を示すこの事実の証明は第 6 章で行う．

命題 5.6

なめらかな曲線の長さは折れ線の長さの極限である．

$$\lim_{|\Delta| \to 0} L(\Delta) = L(C)$$

例 5.7

区間 $[a,b]$ 上の C^1 級関数 $f(x)$ のグラフの長さは

$$\int_a^b \sqrt{1 + f'(x)^2}\, dx$$

で与えられる. 例えば, 例 5.1 の曲線 C_4 の長さは次のように計算される.

$$\int_{-1}^{1} \sqrt{1 + \left(\frac{e^t - e^{-t}}{2}\right)^2}\, dt = \int_{-1}^{1} \frac{e^t + e^{-t}}{2}\, dt = e - \frac{1}{e}$$

例題 5.8

次で与えられるハイポサイクロイド曲線の長さを求めよ.

$$C = \{(2\cos t + \cos 2t, 2\sin t - \sin 2t) \mid t \in [0, 2\pi]\}$$

半径 3 の円に内接して回る半径 1 の円上の点の軌跡である.

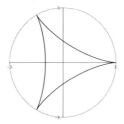

図 5-13 ハイポサイクロイド曲線

[解]

$$L(C) = 2\int_0^{2\pi} \sqrt{(\sin t + \sin 2t)^2 + (\cos t - \cos 2t)^2}\, dt$$
$$= 2\sqrt{2}\int_0^{2\pi} \sqrt{1 - \cos 3t}\, dt = 4\int_0^{2\pi} \left|\sin\frac{3t}{2}\right|\, dt = 16$$

例 5.9

次の楕円 C の周長 $L(C)$ を求めてみよう.

$$\frac{x^2}{a^2} + \frac{y^2}{b^2} = 1 \qquad (a > b > 0)$$

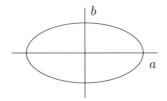

図 5-14 楕円

第一象限ではパラメータ表示 $\{(at, b\sqrt{1-t^2}) \,|\, t \in [0,1]\}$ があり,

$$L(C) = 4 \int_0^1 \sqrt{a^2 + \frac{b^2 t^2}{1-t^2}} \, dt = 4a \int_0^1 \sqrt{\frac{1 - k^2 t^2}{1 - t^2}} \, dt$$

となる. ここで, 定数 $k = \dfrac{\sqrt{a^2 - b^2}}{a}$ は楕円 C の離心率である $(0 < k < 1)$. この積分は第 2 種の楕円積分 (elliptic integral) と呼ばれ, 初等関数では表されない.

問題 5.1

双曲線 C

$$\frac{x^2}{a^2} - \frac{y^2}{b^2} = 1 \qquad (a > b > 0)$$

上の点 $(a, 0)$ から, 第一象限にある C 上の点 (ξ, η) までの長さは次の積分で与えられることを示せ.

$$a \int_1^{\xi/a} \sqrt{\frac{k^2 t^2 - 1}{t^2 - 1}} \, dt$$

ここで, $k = \dfrac{\sqrt{a^2 + b^2}}{a}$ は双曲線 C の離心率である $(k > 1)$.

なめらかな曲線 $C = \{(\varphi(t), \psi(t)) \mid t \in [a, b]\}$ 上の連続関数 $f(x, y)$ に対して，次の積分

$$\int_a^b f(\varphi(t), \psi(t)) \sqrt{\varphi'(t)^2 + \psi'(t)^2}\, dt$$

を f の C 上の（に沿う）**線積分**（line integral）といい，記号

$$\int_C f(x, y)\, ds$$

で表す．また，区分的になめらかな曲線の場合にも，構成する各なめらかな曲線上の線積分の総和として定義する．

曲線 C 上で $f(x, y) \geq 0$ の場合，C 上の線積分は高さ $f(x, y)$ の壁 $W(f, C)$ の面積に相当する．とくに，$f(x, y) = 1$ であれば，長さ $L(C)$ に一致する．

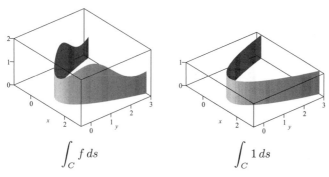

図 5-15

問題 5.2

楕円 $C = \{(2\cos t, \sin t) \mid t \in [0, 2\pi]\}$ 上の線積分

$$\int_C |xy|\, ds$$

を計算せよ．

例題 5.10

$f(x, y) = 2 + x^3 y - xy^3$ の円 $C = \{(\cos t, \sin t) \mid t \in [0, 2\pi]\}$ 上の線積分を計算せよ.

[解]

$$\int_C f\,ds = \int_0^{2\pi} \left\{ 2 + \cos^3 t \sin t - \cos t \sin^3 t \right\} dt$$

$$= \left[2t - \frac{\cos^4 t + \sin^4 t}{4} \right]_0^{2\pi} = 4\pi$$

等式 $\cos^3 t \sin t - \cos t \sin^3 t = \dfrac{\sin 4t}{4}$ がある. 展開図は右図のようになり, その面積が 4π である.

$W(f, C)$

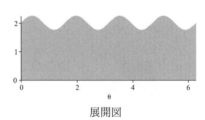

展開図

図 5-16

定義 5.11

なめらかな空間曲線 $C = \{(\varphi(t), \psi(t), \zeta(t)) \mid t \in [a, b]\}$ についても, 同様に, 長さを

$$L(C) = \int_a^b \sqrt{\varphi'(t)^2 + \psi'(t)^2 + \zeta'(t)^2}\,dt$$

で定義し, 関数 $f(x, y, z)$ の C 上の線積分を次で定義する.

$$\int_C f\,ds = \int_a^b f(\varphi(t), \psi(t), \zeta(t)) \sqrt{\varphi'(t)^2 + \psi'(t)^2 + \zeta'(t)^2}\,dt$$

5.3　グリーンの定理

なめらかな曲線 $C = \{(\varphi(t), \psi(t)) \mid t \in [a, b]\}$ と C 上の連続関数 $f(x, y)$ が与えられたとき，さらに，次の 2 種類の C 上の線積分を考え，それぞれ，**座標 x，座標 y に関する C 上の線積分**という.

$$\int_C f(x, y) dx = \int_a^b f(\varphi(t), \psi(t)) \varphi'(t) dt,$$

$$\int_C f(x, y) dy = \int_a^b f(\varphi(t), \psi(t)) \psi'(t) dt.$$

区分的になめらかな曲線の場合には，各なめらかな曲線上の線積分の総和とする.

補題 5.12

なめらかな曲線 C 上の 3 種類の線積分

$$\int_C f(x, y) \, ds, \quad \int_C f(x, y) \, dx, \quad \int_C f(x, y) \, dy$$

はパラメータに依存しない. すなわち, t を (1)　$t(u)$ は $[\alpha, \beta]$ 上の C^1 級関数で $t'(u) > 0$, (2)　$t([\alpha, \beta]) = [a, b]$ を満たすパラメータ u にとり替えても, 同じ値になる.

[証明]　パラメータを u に変換して, $\tilde{\varphi}(u) = \varphi(t(u))$, $\tilde{\psi}(u) = \psi(t(u))$ とおくと, $C = \{(\tilde{\varphi}(u), \tilde{\psi}(u)) \mid u \in [\alpha, \beta]\}$ と表される. 置換積分により, 次のように計算される.

$$\int_a^b f(\varphi(t), \psi(t)) \varphi'(t) \, dt = \int_\alpha^\beta f(\tilde{\varphi}(u), \tilde{\psi}(u)) \varphi'(t(u)) t'(u) \, du$$

$$= \int_\alpha^\beta f(\tilde{\varphi}(u), \tilde{\psi}(u)) \tilde{\varphi}'(u) \, du \qquad \square$$

注意 5.13

曲線 C 上の線積分と曲線 $-C$ 上の線積分の値は一致する場合と符号が変わる場合とがある.

$$\int_{-C} f\,ds = \int_{C} f\,ds, \quad \int_{-C} f\,dx = -\int_{C} f\,dx, \quad \int_{-C} f\,dy = -\int_{C} f\,dy$$

例題 5.14

関数 $f(x,y) = 2 - (x-1)^2 - (y-1)^2$ の 3 種類の線積分を例題 5.3 の曲線 C 上で計算せよ.

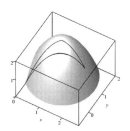

図 5-17　三角形上の線積分

[解]

$$\int_{C} f\,ds = \int_{0}^{2} f\left(t, \frac{t}{2}\right) \frac{\sqrt{5}}{2}\,dt + \int_{2}^{3} f(4-t, 1)\,dt$$
$$+ \int_{3}^{4} f(4-t, 4-t)\sqrt{2}\,dt = \frac{5 + 4\sqrt{2} + 4\sqrt{5}}{3}$$

$$\int_{C} f\,dx = \int_{0}^{2} f\left(t, \frac{t}{2}\right)\,dt + \int_{2}^{3} f(4-t, 1)\,(-dt)$$
$$+ \int_{3}^{4} f(4-t, 4-t)\,(-dt) = -\frac{1}{3}$$

$$\int_{C} f\,dy = \int_{0}^{2} f\left(t, \frac{t}{2}\right) \frac{1}{2}\,dt + \int_{3}^{4} f(4-t, 4-t)\,(-dt) = 0$$

重積分と線積分を結ぶ役割を果たすのがこれから述べるグリーン
(George Green, 1793-1841) の定理である.

考察I. 縦線集合 $D = \{(x,y) \mid a \leq x \leq b,\ \varphi(x) \leq y \leq \psi(x)\}$
を考える. いま, φ, ψ が C^1 級関数であれば, D は区分的になめ
らかな曲線 $C = C_1 + C_2 + C_3 + C_4$ で囲まれた図形である.

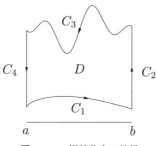

図 **5-18** 縦線集合の境界

$$C_1 = \{(t, \varphi(t)) \mid t \in [a,b]\}$$
$$C_2 = \{(b, \varphi(b) + (\psi(b) - \varphi(b))t) \mid t \in [0,1]\}$$
$$C_3 = \{(a+b-t, \psi(a+b-t)) \mid t \in [a,b]\}$$
$$C_4 = \{(a, \psi(a) + (\varphi(a) - \psi(a))t) \mid t \in [0,1]\}$$

このように, 各曲線が D を左に見ながら動くとき, C は D を正の
向きに回るといい, C を ∂D で表す. このとき, D を含む開集合
上の C^1 級関数 $f(x,y)$ について, 次が成立する.

$$\iint_D f_y\,dxdy = \int_a^b \left(\int_{\varphi(x)}^{\psi(x)} f_y(x,y)dy \right) dx$$
$$= \int_a^b f(x, \psi(x))dx - \int_a^b f(x, \varphi(x))dx$$
$$= -\left(\int_{C_1} f\,dx + \int_{C_3} f\,dx \right)$$
$$\int_{C_2} f\,dx = \int_{C_4} f\,dx = 0$$

以上をまとめることにより，次の等式を得る．

$$\int_{\partial D} f(x,y)\,dx = \iint_D (-f_y)\,dxdy$$

考察 II. 同様にして，D が C^1 級関数で定義された横線集合のとき，D の境界を正の向きに回る曲線を ∂D とすれば，D を含む開集合上の C^1 級関数 $g(x,y)$ に対して，次の等式が成立する．

$$\int_{\partial D} g(x,y)\,dy = \iint_D g_x\,dxdy$$

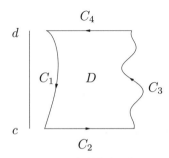

図 5-19　横線集合の境界

定理 5.15 ｜ **グリーンの定理**

　正の向きに回る区分的になめらかな自己交差のない閉曲線 $C_1, \ldots, C_r$ で囲まれた図形 D は垂直な線分で区切ることで有限個の縦線集合の和集合で表され，また，水平な線分で区切ることで有限個の横線集合の和集合でも表されるとする．

　このとき，D を含む開集合上の C^1 級関数 $f(x,y)$, $g(x,y)$ について，等式

$$\int_{\partial D} (f(x,y)\,dx + g(x,y)\,dy) = \iint_D (-f_y + g_x)\,dxdy$$

が成立する．ここで，$\partial D = C_1 + \cdots + C_r$ である．

[証明]　垂直な線分を付け加えることで，D が縦線集合 $D_1, \ldots,$ D_n に分割されたとすると，

$$\int_{\partial D} f(x, y) dx = \sum_{i=1}^{n} \int_{\partial D_i} f(x, y) dx$$

が成立する．これは付け加えた垂直な線分上の積分が打ち消し合うためである．さらに，考察 I の結果を併せると，

$$\int_{\partial D} f(x, y) dx = \sum_{i=1}^{n} \iint_{D_i} (-f_y) dxdy = \iint_{D} (-f_y) dxdy$$

となる．

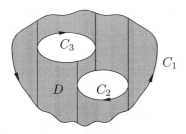

図 5-20　縦線集合への分割

また，D が横線集合に分割されることから，

$$\int_{\partial D} g(x, y) \, dy = \iint_{D} g_x \, dxdy$$

も成立する．したがって，両式をまとめることにより，

$$\int_{\partial D} (f(x, y) \, dx + g(x, y) \, dy) = \iint_{D} (-f_y + g_x) \, dxdy$$

が成立する．　　　　　　　　　　　　　　　　　　　　　　　　□

$\boxed{\text{系 5.16}}$　**面積公式**

定理 5.15 の条件のもとで，次の面積公式が成立する．

$$|D| = \int_{\partial D} (-y) \, dx = \int_{\partial D} x \, dy = \frac{1}{2} \int_{\partial D} (-y \, dx + x \, dy)$$

[証明]　グリーンの定理を適用すればよい．

$$|D| = \iint_D 1 \, dxdy = \int_{\partial D} (-y) \, dx = \int_{\partial D} x \, dy \qquad \square$$

$\boxed{\text{例 5.17}}$

図のような位置にある 4 点 (x_1, y_1), (x_2, y_2), (x_3, y_3), (x_4, y_4) を頂点とする四辺形 D の面積は各頂点を回る曲線 $C = C_1 + C_2 + C_3 + C_4$ 上の線積分で求まる．

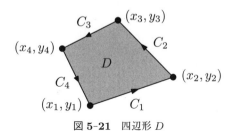

図 5-21　四辺形 D

例えば，$C_1 = \{(x_1 + (x_2 - x_1)t, \, y_1 + (y_2 - y_1)t) \,|\, t \in [0,1]\}$ とパラメータ表示され，

$$\frac{1}{2} \int_{C_1} (-ydx + xdy) = \frac{1}{2}(x_1 y_2 - x_2 y_1)$$

となる．最終的に，面積は次のように表される．

$$|D| = \frac{1}{2}\{(x_1 - x_3)(y_2 - y_4) - (x_2 - x_4)(y_1 - y_3)\}$$

例題 5.18

曲線 $C = \{(\sin 3t, \sin 2t) \mid t \in [0, \pi]\}$ で囲まれた図形 D の面積を求めよ. この曲線はリサジュー曲線[1]の一部分である.

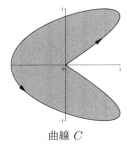

曲線 C リサジュー曲線

図 **5-22**

[解] 面積公式(系 5.16)を用いる.

$$|D| = \int_C x\,dy = \int_0^\pi 2\sin 3t \cos 2t\,dt = \int_0^\pi (\sin 5t + \sin t)\,dt = \frac{12}{5}$$

問題 5.3

曲線 $C_1 = \{(t(5t-1), 6t(t^2-1)) \mid t \in [-1,1]\}$ および,線分 $C_2 = \{(4+2t, 0) \mid t \in [0,1]\}$ で囲まれた図形 D の面積を求めよ.

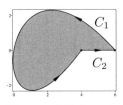

図 **5-23** 曲線 $C_1 + C_2$

---

1) 定義方程式は $(4y^3 - 3y)^2 + 4x^2(x^2 - 1) = 0$ である.

5.4　ベクトル場

　平面のベクトル場（vector field）とは部分集合 $D \subset \mathbf{R}^2$ で定義された写像 $\mathbf{F} : D \to \mathbf{R}^2$ のことである．すなわち，D で定義された関数の組 $\mathbf{F} = (u(x,y), v(x,y))$ であり，D の各点にベクトルが付随していると考える．$\mathbf{F}$ が D を含む開集合で定義された C^1 級写像のとき，$\mathbf{F}$ は C^1 級のベクトル場であるという．

　関数 $f(x,y)$ の勾配ベクトル場 $\operatorname{grad} f$ はベクトル場の重要な例である．ベクトル場 $\mathbf{F}$ がある関数 f の勾配ベクトル場になるとき，$\mathbf{F}$ は保存場（conservative vector field）であるという．

　ベクトル場 $\mathbf{F} = (u, v)$ が C^2 級関数 f の勾配ベクトル場であれば，関係式 $u_y = v_x$ が成立する．これは，等式 $f_{xy} = f_{yx}$（定理 2.18）による．

　ベクトル場 $\mathbf{F}$ はいくつかの点を選んで，ベクトル $\mathbf{F}$ を描くことで，幾何学的に図示することができる．

例 5.19

　$\mathbf{R}^2$ 上のベクトル場 $\mathbf{F}_1 = (-y, x)$ と $\mathbf{R}^2 \setminus \{O\}$ 上のベクトル場 $\mathbf{F}_2 = \left(\dfrac{x}{x^2 + y^2}, -\dfrac{y}{x^2 + y^2} \right)$ を図示してみよう．

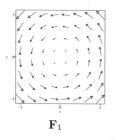
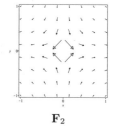

$\mathbf{F}_1$　　　　　　　　$\mathbf{F}_2$

図 5-24

$\mathbf{F}_1, \mathbf{F}_2$ は保存場ではない．次に，勾配ベクトル場 $\mathbf{F}_3 =$ $\mathrm{grad}(x+y)$ と $\mathbf{F}_4 = \mathrm{grad}\sqrt{x^2+y^2}$（定義域は $\mathbf{R}^2 \setminus \{O\}$）を等高線グラフと共に図示すると次のようになる．

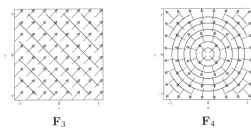

$\mathbf{F}_3$ $\qquad\qquad$ $\mathbf{F}_4$

図 5-25

勾配ベクトル場 $\mathbf{F}_5 = \mathrm{grad}\,xy$ をグラフ $z = f(x,y)$ と共に図示すると次のようになる．

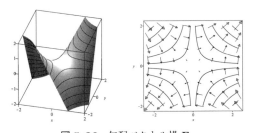

図 5-26　勾配ベクトル場 $\mathbf{F}_5$

定義 5.20

$\mathbf{R}^2$ 内の区分的になめらかな曲線 C があるとき，C 上で定義された連続なベクトル場 $\mathbf{F} = (u, v)$ に対して，

$$\int_C \mathbf{F} = \int_C (u(x,y)dx + v(x,y)dy)$$

と定義し，$\mathbf{F}$ の C 上の（に沿う）線積分という．

次の定理は微積分の基本定理

$$\int_a^b f'(x)\,dx = f(b) - f(a) \quad (f(x) \text{ は } [a,b] \text{ 上の } C^1 \text{ 級関数})$$

の一つの一般化である.

定理 5.21

　勾配ベクトル場 $\operatorname{grad} f$ の区分的になめらかな曲線 C 上の線積分は C の始点 P と終点 Q のみで次のように定まる.

$$\int_C \operatorname{grad} f = f(Q) - f(P)$$

ここで, $f(x,y)$ は C を含む開集合上の C^1 級関数とする.

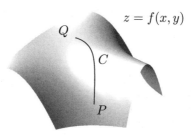

図 **5-27**　勾配ベクトル場の線積分

[証明]　$C = \{(\varphi(t), \psi(t)) \mid t \in [a,b]\}$ がなめらかな曲線のときに示せば十分である. 合成関数の微分公式 (定理 2.10)

$$(f(\varphi(t), \psi(t)))' = f_x(\varphi(t), \psi(t))\varphi'(t) + f_y(\varphi(t), \psi(t))\psi'(t)$$

と微積分の基本定理により, 定理の等式が成立する.

$$\int_C \operatorname{grad} f = \int_a^b \left\{ f_x(\varphi(t), \psi(t))\varphi'(t) + f_y(\varphi(t), \psi(t))\psi'(t) \right\}\,dt$$

$$= f(\varphi(b), \psi(b)) - f(\varphi(a), \psi(a)) = f(Q) - f(P) \qquad \square$$

定理 5.22

開円板 D 上の C^1 級ベクトル場 $\mathbf{F} = (u, v)$ については，関係式 $u_y = v_x$ が成立していれば，保存場である．

[証明] $(x_0, y_0) \in D$ を固定し，(x_0, y_0) と $(x, y) \in D$ を結ぶ線分

$$L(x, y) = \{(x_0 + t(x - x_0), y_0 + t(y - y_0)) \mid t \in [0, 1]\}$$

上の線積分により，D 上の関数を定義する．

$$f(x, y) = \int_{L(x,y)} \mathbf{F}$$

次に，$|h|$ が微小な実数 h に対して，(x, y) と $(x + h, y)$ を結ぶ線分 $\Gamma(h) = \{(x + t, y) \mid t \in [0, h]\}$ を定める．このとき，閉曲線 $C = L(x, y) + \Gamma(h) - L(x + h, y)$ の囲む三角形を E とすると，C は E に対して，正の向きのことも負の向きのこともある．

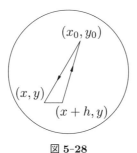

図 5-28

グリーンの定理により，

$$\int_C \mathbf{F} = \pm \iint_E (-u_y + v_x)\, dx dy = 0$$

である．したがって，

$$f(x + h, y) - f(x, y) = \int_{\Gamma(h)} \mathbf{F} = \int_0^h u(x + t, y)\, dt$$

が成立する．

このことと，微積分の基本定理により，等式

$$f_x(x,y) = \lim_{h \to 0} \frac{f(x+h,y) - f(x,y)}{h}$$
$$= \lim_{h \to 0} \frac{1}{h} \int_0^h u(x+t,y)\,dt = u(x,y)$$

が成立する．同様にして，等式 $f_y(x,y) = v(x,y)$ を示すこともできる．したがって，$\mathbf{F} = \operatorname{grad} f$ となり，$\mathbf{F}$ は保存場である． □

注意 5.23

一般に，穴の開いていない開集合上のベクトル場についても同様の定理が成立する．しかし，$\mathbf{R}^2 \setminus \{O\}$ 上のベクトル場 $\mathbf{F} = (u,v)$

$$u = \frac{-y}{x^2 + y^2}, \quad v = \frac{x}{x^2 + y^2}$$

は $u_y = v_x$ であるが，保存場ではない．実際，始点 $P = (1,0)$ と終点 $Q = (-1,0)$ が等しい曲線 $C = \{(\cos t, \sin t)\,|\,t \in [0,\pi]\}$ と曲線 $C' = \{(\cos t, -\sin t)\,|\,t \in [0,\pi]\}$ における線積分の値は

$$\int_C \mathbf{F} = \int_0^\pi dt = \pi, \quad \int_{C'} \mathbf{F} = -\int_0^\pi dt = -\pi$$

と異なり，$\mathbf{F}$ は勾配ベクトル場ではない（定理 5.21）．

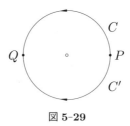

図 5-29

5.5 空間内の曲面

2変数関数のグラフ $z = f(x, y)$ として表される曲面はお馴染み
であるが，空間内の曲面には大別すると二通りの表示方法がある.

(1) **陰関数表示**. これは関数 $f(x, y, z)$ の零点集合

$$f(x, y, z) = 0$$

として表す方法である. 例えば，半径1の球面は方程式

$$x^2 + y^2 + z^2 - 1 = 0$$

で表される. また，関数のいろいろな値 k に対する曲面
$f(x, y, z) = k$ を等位面とよんだ（例 2.23 参照）.

(2) **パラメータ表示**. これは写像 $\Phi : (u, v) \to (x, y, z)$ の像とし
て定義するものである. 例えば，パラメータ表示曲面

$$S = \{(-v + \cos u, v + \sin u, v) \mid (u, v) \in [0, 2\pi] \times [0, 1]\}$$

は**斜円柱**（oblique cylinder）を表している.

図 5-30　斜円柱

関数 $f(x, y)$ のグラフ $z = f(x, y)$ は陰関数表示 $f(x, y) - z = 0$
とパラメータ表示 $(x, y) \to (x, y, f(x, y))$ の両方で表示される.

平面 $H : ax + by + cz - d = 0$ を考える．平面 H 上の点 $P_0 = (x_0, y_0, z_0)$ を定め，H 上の点 $P = (x, y, z)$ をとると，

$$a(x - x_0) + b(y - y_0) + c(z - z_0) = 0$$

が成立する．したがって，ベクトル $\mathbf{n} = (a, b, c)$ とベクトル $\overrightarrow{P_0P}$ は直交している．逆に，$\overrightarrow{P_0P}$ が $\mathbf{n}$ と直交するような点 P の集合が平面 H になる．ベクトル $\mathbf{n}$ は平面 H の**法線ベクトル**である．

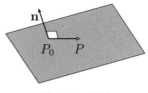

図 5-31　平面

平面 H のパラメータ表示を求める．P_0, P_1, P_2 が同一直線上にないように，2 点 $P_1, P_2 \in H$ をとり，$\mathbf{a} = \overrightarrow{P_0P_1}$, $\mathbf{b} = \overrightarrow{P_0P_2}$ とおくと，$\mathbf{a}$ と $\mathbf{b}$ は 1 次独立であり，H 上の点 P に対して，$\overrightarrow{P_0P}$ は $\mathbf{a}$ と $\mathbf{b}$ の 1 次結合 $u\mathbf{a} + v\mathbf{b}$ で表される．そこで，$\mathbf{a} = (a_1, a_2, a_3)$, $\mathbf{b} = (b_1, b_2, b_3)$ とすると，平面 H は次のパラメータ表示を持つ．

$$\Phi : (u, v) \to (x_0 + a_1 u + b_1 v, y_0 + a_2 u + b_2 v, z_0 + a_3 u + b_3 v)$$

逆に，$\mathbf{a}$ と $\mathbf{b}$ が 1 次独立なら，このパラメータ表示は平面を表す．

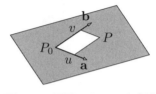

図 5-32　平面のパラメータ表示

2 次多項式で定義された曲面を **2 次曲面**（quadric）という．例えば，2 次曲面

$$\frac{x^2}{a^2} + \frac{y^2}{b^2} + \frac{z^2}{c^2} = 1$$

は楕円面（ellipsoid）と呼ばれている.

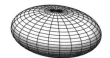

図 **5-33** 楕円面

空間内で，xy 平面の曲線 $C = \{(\varphi(t), \psi(t)) \mid t \in [a, b]\}$ を x 軸中心に回転した回転面 S は次のようにパラメータ表示される.

$$S = \{(\varphi(u), \psi(u)\cos v, \psi(u)\sin v) \mid (u, v) \in [a, b] \times [0, 2\pi]\}$$

同様に，xz 平面の曲線 $C = \{(\varphi(t), \psi(t)) \mid t \in [a, b]\}$ を z 軸中心に回転した回転面 S は次のようにパラメータ表示される.

$$S = \{(\varphi(u)\cos v, \varphi(u)\sin v, \psi(u)) \mid (u, v) \in [a, b] \times [0, 2\pi]\}$$

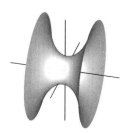 

図 **5-34** 回転面

5.6　なめらかな曲面と接平面

　空間内のパラメータ表示された曲面 $S = \{\Phi(u,v) \,|\, (u,v) \in D\}$ がなめらかな曲面（smooth surface）であるとは，$\Phi = (\varphi, \psi, \chi)$ と表したとき，成分関数 φ, ψ, χ が $D \subset \mathbf{R}^2$ を含む開集合で定義された C^1 級関数であって，次の条件（正則条件）を満たすことをいう.

(1)　Φ は 1 対 1 写像である.

(2)　ベクトル $\Phi_u = (\varphi_u, \psi_u, \chi_u)$ と $\Phi_v = (\varphi_v, \psi_v, \chi_v)$ は D の各点 (u,v) において 1 次独立である[2]

曲面 S 上の点 $P_0 = \Phi(u_0, v_0)$ における**接平面**は，P_0 を始点とする 2 つのベクトル $\Phi_u(P_0)$, $\Phi_v(P_0)$ の張る平面である．ここで，$\Phi_u(P_0)$ は曲面上の曲線 $u \to \Phi(u, v_0)$ の P_0 における接ベクトルであり，$\Phi_v(P_0)$ は曲面上の曲線 $v \to \Phi(u_0, v)$ の P_0 における接ベクトルである.

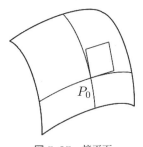

図 5-35　接平面

---

[2]　このことは次の条件と同値である.

$$\Phi_u \times \Phi_v = \left(\frac{\partial(\psi, \chi)}{\partial(u,v)}, \frac{\partial(\chi, \varphi)}{\partial(u,v)}, \frac{\partial(\varphi, \psi)}{\partial(u,v)} \right) \neq (0,0,0)$$

例 5.24

C^1 級関数 $f(x,y)$ のグラフ $z = f(x,y)$ は，なめらかな曲面である．実際，$\Phi(x,y) = (x,y,f(x,y))$ は 1 対 1 写像であり，$\Phi_x = (1,0,f_x)$ と $\Phi_y = (0,1,f_y)$ は 1 次独立である．このとき，点 $(a,b,f(a,b))$ における接平面は，

$$(u,v) \to (a+u, b+v, f(a,b) + f_x(a,b)u + f_y(a,b)v)$$

とパラメータ表示されるので，以前定義した接平面

$$z = f(a,b) + f_x(a,b)(x-a) + f_y(a,b)(y-b)$$

に一致する．

注意 5.25

一般の曲面はなめらかな曲面を境界に沿って貼り合わせたり，頂点を付け加えたりして構成される．

図 5-36　正 12 面体

球面

円錐

図 5-37

5.7　曲面の表面積

．．．

　曲面の表面積（面積，曲面積）の定義には難しいところがあることが知られている（シュワルツの提灯など）．ただ，なめらかな曲面については，表面積は次の公式で計算することができる．

定義 5.26

　なめらかな曲面 $S = \{\Phi(u,v) \,|\, (u,v) \in D\}$ の表面積 $|S|$ は

$$|S| = \iint_D \sqrt{\left(\frac{\partial(\psi,\chi)}{\partial(u,v)}\right)^2 + \left(\frac{\partial(\chi,\varphi)}{\partial(u,v)}\right)^2 + \left(\frac{\partial(\varphi,\psi)}{\partial(u,v)}\right)^2} \, du dv$$

で定義される．ここで，$D \subset \mathbf{R}^2$ は有界閉集合で，境界 ∂D は零集合であるとする．また，$\Phi = (\varphi, \psi, \chi)$ とした．

　次のように考える．簡単のため，D は長方形 $[a,b] \times [c,d]$ とする．分割 $\Delta : a = u_0 < \cdots < u_m = b;\ c = v_0 < \cdots < v_n = d$ をとる．D は長方形 $D_{ij} = [u_{i-1}, u_i] \times [v_{j-1}, v_j]$ に分割される．そこで，$P_{ij} = (u_i, v_j)$ とおく．このとき，Φ は D_{ij} 上では 1 次写像

$$\Psi(u,v) = \Phi(P_{ij}) + \Phi_u(P_{ij})(u - u_i) + \Phi_v(P_{ij})(v - v_j)$$

で近似され，像 $\Phi(D_{ij})$ は平行四辺形

$$T_{ij} = \{\Psi(u,v) \,|\, (u,v) \in D_{ij}\}$$

で近似される．

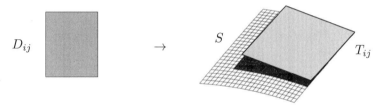

図 **5-38** 接平面による近似

このとき，補題 2.26 により，

$$|T_{ij}| = \|\Phi_u(P_{ij}) \times \Phi_v(P_{ij})\||D_{ij}| = G(P_{ij})|D_{ij}|$$

となる．ここで，

$$G(u,v) = \sqrt{\left(\frac{\partial(\psi, \chi)}{\partial(u,v)}\right)^2 + \left(\frac{\partial(\chi, \varphi)}{\partial(u,v)}\right)^2 + \left(\frac{\partial(\varphi, \psi)}{\partial(u,v)}\right)^2}$$

である．このとき，総和の極限について，定理 4.13 により，

$$\lim_{|\Delta| \to 0} \sum_{i,j} |T_{ij}| = \iint_D G(u,v)\,dudv$$

が成立する．

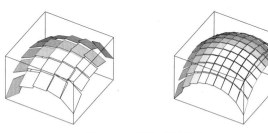

図 **5-39** 曲面の面積公式

次のように表すこともできる（補題 2.26, (2) 参照）．

$$|S| = \iint_D \sqrt{\|\Phi_u\|^2\|\Phi_v\|^2 - (\Phi_u \cdot \Phi_v)^2}\,dudv$$

例 5.27

有界集合 D（∂D は零集合）で定義された C^1 級関数 $f(x,y)$ のグラフ $z = f(x,y)$ の表面積公式は次のようになる.

$$\iint_D \sqrt{1 + (f_x)^2 + (f_y)^2}\, dxdy$$

例 5.28

曲線 $y = f(x)$ を x 軸中心に回転した曲面の表面積は

$$2\pi \int_a^b f(x)\sqrt{1 + f'(x)^2}dx$$

となる（$f(x)$ は $[a,b]$ 上の C^1 級関数で，$f(x) > 0$）.

曲線 $z = f(x)$ を z 軸中心に回転した曲面の表面積は

$$2\pi \int_a^b x\sqrt{1 + f'(x)^2}dx$$

となる（$f(x)$ は $[a,b]$ 上の C^1 級関数で，$a > 0$）.

例題 5.29

xz 平面の円 $\{(R + r\cos u, r\sin u)\,|\,u \in [0, 2\pi]\}$ を z 軸中心に回転させたトーラス（円環面）T を考える（$0 < r < R$）. このとき，次の部分面 $S \subset T$ の表面積を計算せよ.

$$S = \{((R + r\cos u)\cos v, (R + r\cos u)\sin v, r\sin u)\,|\,(u,v) \in D\}$$

ただし，$D = [0, 2\pi] \times [\alpha, \beta]$ で，$0 < \alpha < \beta < 2\pi$ とする.

図 5-40 トーラス

[解] 定理 5.26 を用いて計算すると次のようになる.

$$|S| = 2\pi \int_\alpha^\beta r(R + r\cos u)\,du = 2\pi r\left[Ru + r\sin u\right]_\alpha^\beta$$

$$= 2\pi r\{R(\beta - \alpha) + r(\sin\beta - \sin\alpha)\}$$

例題 5.30

平面曲線 $y = \dfrac{x^3}{5}$, $x \in [0,2]$ を x 軸中心に回転した曲面 S の表面積を求めよ.

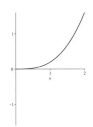 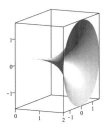

図 **5-41** 回転面

[解] 例 5.28 の公式を用いる.

$$|S| = 2\pi \int_0^2 \frac{x^3}{5}\sqrt{1 + \left(\frac{3x^2}{5}\right)^2}\,dx$$

$$= \frac{\pi}{675}\left[(25 + 9x^4)^{3/2}\right]_0^2 = \frac{2072\pi}{675}$$

問題 5.4

円柱 $y^2 + z^2 = 1$ の外にある球面 $x^2 + y^2 + z^2 = 4$ の表面積を求めよ.

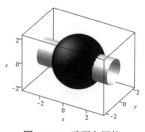

図 **5-42**　球面と円柱

演習問題 5

$\boxed{1}$ 放物線 $y = \dfrac{x^2}{2}$　$(-1 \le x \le 1)$ の長さを計算せよ.

$\boxed{2}$ 極方程式 $r = \rho(\theta)$　$(\alpha \le \theta \le \beta)$ で与えられた曲線の長さは

$$\int_{\alpha}^{\beta} \sqrt{\rho'(\theta)^2 + \rho(\theta)^2}\, d\theta$$

で与えられることを示せ.

$\boxed{3}$ 極方程式 $r = 1 - \sin\theta$　$(0 \le \theta \le 2\pi)$ で定義された曲線 C を
カージオイド曲線(心臓型曲線)という.

(1)　曲線 C の長さを求めよ.

(2)　曲線 C の囲む図形の面積を求めよ.

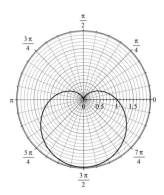

平面上のベクトル場 $\mathbf{F} = (x^2 - y, y^2 - x)$ を勾配ベクトル場で表せ.

5 次の関数の勾配ベクトルを求め，その勾配ベクトル場が下記の図のどれに相当するか判定せよ.

(1)　$\log(1 + x^2 + y^2)$　　　(2)　$xye^{-x^2 - y^2}$

(3)　$\dfrac{1}{1 + (x+1)^2 + y^2} + \dfrac{1}{1 + (x-1)^2 + y^2}$

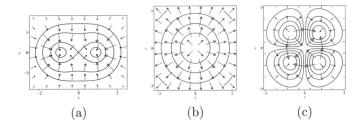

(a)　　　　　　　(b)　　　　　　　(c)

$\boxed{6}$ 次の曲面の表面積を求めよ.

(1) $S_1 = \{(u\cos v, u\sin v, 2\sqrt{u}) \mid (u,v) \in [0,3] \times [0,\pi]\}$

(2) $S_2 = \{(u\cos v, u\sin v, v) \mid (u,v) \in [3,7] \times [0,4\pi]\}$

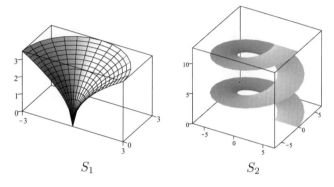

S_1 　　　　　　　 S_2

第 6 章

証明とその背景

　連続関数について成立する中間値の定理，最大値最小値の存在定理，重積分の存在定理などは本書の要となる基礎的事実である．微分や積分が発展した後，19 世紀後半，その厳密化が追求される中で，これらの定理の仕組みが解明された．結局，実数とは何かという問題に到達したのである．実数 R と数直線上の点と同一視すれば，実数には切れ目がないように思われる（実数の連続性という）．このことを数学的に表現する公理が導入され，議論の出発点になった．

　この章では，上記の定理など微積分で重要な定理が実数の基本的な性質と極限の処理法，いわゆる ε-δ 論法とからどのようにして導かれるかを明らかにしたい．基礎になるのは点列の収束に関する『ボルツァーノ・ワイエルシュトラスの定理』（Bolzano, 1781-1848,　Weierstrass, 1815-1897）である．初めて証明に触れる人は根気強く論理を追って欲しい．

6.1　数列の極限

　数列や点列の収束についても厳密な定義が必要になる．実数の数列 $\{a_n\}$ が a に収束するとは，任意の正数 ε に対して，自然数 N が存在して，$n \geq N$ のとき，$|a_n - a| < \varepsilon$ が成立することをいう．このことを記号では

$$\lim_{n \to \infty} a_n = a$$

で表し，a を数列 $\{a_n\}$ の極限と呼ぶ．

問題 6.1

　$\displaystyle\lim_{n \to \infty} a_n = a,\ \lim_{n \to \infty} b_n = b$ のとき，次を示せ．
(1)　$\displaystyle\lim_{n \to \infty} (a_n + b_n) = a + b$
(2)　$\displaystyle\lim_{n \to \infty} (a_n b_n) = ab$

定理 6.1　はさみうちの原理

　数列 $\{a_n\}$, $\{b_n\}$, $\{c_n\}$ があり，$a_n \leq c_n \leq b_n$ が各 n について成立しているとする．このとき，$\displaystyle\lim_{n \to \infty} a_n = \lim_{n \to \infty} b_n = a$ ならば，$\displaystyle\lim_{n \to \infty} c_n = a$ である．

[証明]　仮定から，任意の正数 ε に対して，自然数 N_1, N_2 が存在して，$n \geq N_1$ のとき $|a_n - a| < \varepsilon$，$n \geq N_2$ のとき $|b_n - a| < \varepsilon$ が成立する．そこで，$N = \max\{N_1, N_2\}$ とすると，$n \geq N$ であれば，

$$a - \varepsilon < a_n \leq c_n \leq b_n < a + \varepsilon$$

となり，$|c_n - a| < \varepsilon$ が成立する．よって，$\displaystyle\lim_{n \to \infty} c_n = a$ である．　□

平面 $\mathbf{R}^2$ の点列 $\{P_n\}$ が，点 P に収束するとは，任意の正数 ε に対して，自然数 N が存在して，$n \geq N$ のとき，$d(P_n, P) < \varepsilon$ が成立することをいう．記号では $\lim_{n\to\infty} P_n = P$ で表す．

補題 6.2

$P_n = (a_n, b_n)$, $P = (a, b)$ と表すと，次は同値である．

(1) $\lim_{n\to\infty} P_n = P$

(2) $\lim_{n\to\infty} a_n = a$, $\lim_{n\to\infty} b_n = b$

[証明] このことは，不等式

$$\max\{|a_n - a|, |b_n - b|\} \leq d(P_n, P) \leq |a_n - a| + |b_n - b|$$

があるので，明らかである． □

命題 6.3

部分集合 $X \in \mathbf{R}^2$ について，次は同値である．

(1) X は閉集合である．

(2) X 内の任意の点列 $\{P_n\}$ が点 P に収束すれば，$P \in X$ である．

[証明] (1) $\Rightarrow$ (2)．X が閉集合なら，補集合 $U = X^c$ は開集合である（命題 1.8）．$\{P_n\}$ を X 内の点列で，点 P に収束したとする．もし $P \notin X$ なら，$P \in U$ だから，ある $\varepsilon > 0$ が存在して，$B_\varepsilon(P) \subset U$ となり，$\{P_n\}$ は P に収束することはない．

(2) $\Rightarrow$ (1)．点 $P \in \partial X$ を任意にとる．各自然数 n について，点 $P_n \in B_{1/n}(P) \cap X$ が存在する．このとき，$\lim_{n\to\infty} P_n = P$ となり，(2) の条件から，$P \in X$ である． □

6.2　実数の基本性質

　実数 $\mathbf{R}$ の部分集合 A に対して，b が A の上界（upper bound）であるとは，すべての $x \in A$ について，$x \leq b$ となることをいう．また，A の上界に最小値 β が存在すれば，β を上限（supremum）と呼び，$\sup A$ で表す．A に上界が存在するとき，A は上に有界であるという．

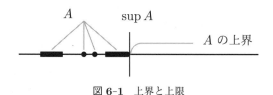

図 6-1　上界と上限

　同様に，すべての $x \in A$ について，$a \leq x$ となる a を A の下界（lower bound）と呼ぶ．A の下界に最大値 α が存在すれば，下限（infimum）と呼び，$\inf A$ で表す．A に下界が存在するとき，A は下に有界，A が上下に有界なとき，A は有界であるという．

公理 6.4　**実数の基本性質**

　実数 $\mathbf{R}$ の空でない部分集合 A が上に有界であれば，上限 $\sup A$ が存在する．

命題 6.5

　実数 $\mathbf{R}$ の空でない部分集合 A が下に有界であれば，下限 $\inf A$ が存在する．

[証明]　$B = \{-x \,|\, x \in A\}$ は上に有界であるので，上限 $\beta = \sup B$ が存在する．このとき，$\alpha = -\beta$ は B の下限である．　　　□

補題 6.6

収束する数列 $\{a_n\}$ は有界である.

[証明] $\{a_n\}$ の極限を a とすると,自然数 N が存在して,$n \geq N$ のとき,$|a_n - a| < 1$ となり,$|a_n| < |a| + 1$ である.このとき,$M = \max\{|a_1|, \ldots, |a_N|, |a| + 1\}$ は $\{|a_n|\}$ の上界である.　□

数列 $\{a_n\}$ について,$a_1 \leq a_2 \leq a_3 \leq \cdots \leq a_n \leq \cdots$ が成立するとき,$\{a_n\}$ は**単調増加**(monotone increasing)であるという.同様に,**単調減少**(monotone decreasing)も,不等号を逆向きにして定義される.

定理 6.7

上に有界な単調増加数列 $\{a_n\}$ は収束する.同様に,下に有界な単調減少数列も収束する.

[証明] 公理 6.4 により,上に有界な集合 $A = \{a_n \mid n \in \mathbf{N}\}$ には上限 a が存在する.任意の正数 ε に対して,$a - \varepsilon$ は A の上界ではないから,$a - \varepsilon < a_N$ となる自然数 N が存在する.このとき,$n \geq N$ であれば,$a - \varepsilon < a_N \leq a_n \leq a < a + \varepsilon$ となるので,$|a_n - a| < \varepsilon$ が成立し,数列 $\{a_n\}$ は a に収束する.　□

数列 $\{a_n\}$ や点列 $\{P_n\}$ が与えられているとき,自然数列

$$n_1 < n_2 < n_3 < \cdots < n_k < \cdots$$

に対して,数列 $\{a_{n_k}\}$,点列 $\{P_{n_k}\}$ をそれぞれ定義することができる.これらを**部分列**(subsequence)という.

問題 6.2

　収束する数列や収束する点列の部分列は，同じ極限に収束することを示せ.

定理 6.8　ボルツァーノ・ワイエルシュトラスの定理

有界な数列 $\{a_n\}$ は収束する部分列を含む.

[証明]　数列 $\{a_n\}$ は有界だから，a, b が存在して，すべての n について，$a \le a_n \le b$ が成立する. そこで,

$$A = \{x \in \mathbf{R} \,|\, x \le a_n \text{ となる無限個の } a_n \text{ が存在する}\}$$

とおくと，$a \in A$ であり，b が上界だから，$A \ne \emptyset$ は上に有界である. 公理 6.4 により，上限 $\beta = \sup A$ が存在する. 自然数 k について，$\beta - \dfrac{1}{k}$ は A の上界ではないので，$\beta - \dfrac{1}{k} < x$ となる $x \in A$ が存在する. したがって，$\beta - \dfrac{1}{k} < a_n$ となる a_n は無限個ある. 一方，$\beta < \beta + \dfrac{1}{k}$ だから，$\beta + \dfrac{1}{k} \notin A$ であり，$\beta + \dfrac{1}{k} \le a_n$ となる a_n は有限個しかない. 以上により，$\beta - \dfrac{1}{k} < a_n < \beta + \dfrac{1}{k}$ となる a_n が無限個あることがわかる.

　よって，$n_1 < n_2 < \cdots < n_k < \cdots$ となる自然数の列を選んで,

$$\beta - \frac{1}{k} < a_{n_k} < \beta + \frac{1}{k}$$

とすることが可能である. 定理 6.1 により,

$$\lim_{k \to \infty} a_{n_k} = \beta$$

となり，$\{a_{n_k}\}$ は $\{a_n\}$ の収束する部分列である. □

| 定理 6.9 | 平面版のボルツァーノ・ワイエルシュトラスの定理 |

平面 $\mathbf{R}^2$ 内の有界な点列 $\{P_n\}$ は収束する部分列を含む.

[証明] $P_n = (a_n, b_n)$ とする. $\{P_n\}$ が有界だから, 数列 $\{a_n\}$ は有界であり, 定理 6.8 により, 収束する部分列 $\{a_{n_k}\}$ がある. 数列 $\{b_n\}$ も有界だから, その部分列 $\{b_{n_k}\}$ も有界であり, 再び定理 6.8 により, 収束する部分列 $\{b_{n_{k_j}}\}$ がある. 点列 $\{P_{n_{k_j}} = (a_{n_{k_j}}, b_{n_{k_j}})\}$ は $\{P_n\}$ の収束する部分列である. □

6.3 連続関数の性質

区間 I で定義された関数 $f(x)$ が $a \in I$ で連続であるとは, 任意の正数 ε に対し, 正数 δ が存在して, $|x - a| < \delta$, $x \in I$ であれば, $|f(x) - f(a)| < \varepsilon$ が成立することであった. 関数 $f(x)$ が I のすべての点で**連続**であるとき, $f(x)$ は I 上の**連続関数**である.

| 定理 6.10 | 中間値の定理 |

$[a, b]$ 上の連続関数 $f(x)$ について, $f(a) < f(b)$ であれば, $f(a) < u < f(b)$ を満たす任意の u に対して, $u = f(c)$ となる $c \in (a, b)$ が存在する.

[証明] $A = \{x \in [a, b] \mid f(x) < u\}$ とおくと, $a \in A$ で, b は A の上界である. 公理 6.4 により, $c = \sup A$ が存在する. このとき, $f(c) = u$ を背理法で示す. $f(c) \neq u$ と仮定する. $f(x)$ は連続関数だから, $\delta > 0$ が存在して, $|x - c| < \delta$ のとき, $|f(x) - f(c)| < |f(c) - u|$ が成立する.

図 6-2

(1) $f(c) < u$ の場合. $\left| f\left(c + \dfrac{\delta}{2}\right) - f(c) \right| < u - f(c)$ だから,
$f\left(c + \dfrac{\delta}{2}\right) < u$ となり, $c + \dfrac{\delta}{2} \in A$ が従うので, 矛盾である.

(2) $f(c) > u$ の場合. $c - \delta$ は A の上界ではないので, $c - \delta < x$ となる $x \in A$ が存在し, $f(x) < u$ かつ $x \le c$ である. このとき, $|x - c| < \delta$ だから, $|f(x) - f(c)| < f(c) - u$ であり, $f(x) > u$ となって, 矛盾である. □

定義 6.11

$X \subset \mathbf{R}^2$ とする. 連続写像 $\gamma : I = [0,1] \to X$ を**道** (path) と呼び, $P = \gamma(0)$ を**始点**, $Q = \gamma(1)$ を**終点**という.

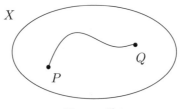

図 6-3　道

X が**弧状連結** (arcwise connected) であるとは, X の任意の 2 点 P, Q に対して, P を始点とし, Q を終点とする道が存在することをいう. 例えば, 円板の内部や正方形の内部, 三角形の内部などは弧状連結である.

定理 6.12

$D \subset \mathbf{R}^2$ を弧状連結な開集合とする. D 上の連続関数

$f(x, y)$ があり，2 点 $P, Q \in D$ について，$f(P) < f(Q)$ とする．このとき，$f(P) < u < f(Q)$ を満たす u に対して，$f(P_u) = u$ となる点 $P_u \in D$ が存在する．

［証明］ いま，D は弧状連結だから，始点が P で終点が Q になる道 $\gamma = (\varphi, \psi) : I \to X$ が存在する．合成関数 $f(\varphi(t), \psi(t))$ は I 上の連続関数になるので（補題 1.7），中間値の定理（定理 6.10）により，

$$u = f(\varphi(t_0), \psi(t_0))$$

となる $t_0 \in I$ が存在する．そこで，$P_u = (\varphi(t_0), \psi(t_0))$ とおけば，$f(P_u) = u$ である． □

関数の収束は点列の言葉でも述べることができる．

命題 6.13

$D \subset \mathbf{R}^2$ 上の関数 $f(x, y)$ について，次は同値である．

(1) $\displaystyle \lim_{(x,y) \to (a,b)} f(x, y) = \alpha$

(2) $P = (a, b)$ に収束する D の任意の点列 $\{P_n\}$ について，

$$\lim_{n \to \infty} f(P_n) = \alpha$$

が成立する．ただし，$P_n \neq P$ とする．

［証明］ (1) $\Rightarrow$ (2)．P に収束する点列 $\{P_n\}$ について $(P_n \neq P)$，数列 $\{f(P_n)\}$ が α に収束することを示す．(1) により，任意の正数 ε に対して，正数 δ が存在して，$0 < d((x,y), (a,b)) < \delta$ のとき，$|f(x, y) - \alpha| < \varepsilon$ が成立する．点列 $\{P_n\}$ が P に収束することから，ある自然数 N が存在して，$n \geq N$ のとき，$0 < d(P_n, P) < \delta$ とな

る．このとき，$|f(P_n) - \alpha| < \varepsilon$ が成立し，数列 $\{f(P_n)\}$ が α に収束することがわかる．

(2) $\Rightarrow$ (1)．（背理法）$(x, y) \to (a, b)$ のとき，$f(x, y) \to \alpha$ でないとすれば，ある正数 ε_0 が存在して，各自然数 n について，

$$0 < d(P_n, P) < \frac{1}{n} \quad \text{および} \quad |f(P_n) - \alpha| \geq \varepsilon_0$$

を満たす D 内の点列 P_n が存在する．このとき，$P_n \to P$ であり，$f(P_n) \to \alpha$ とはならない．これは (2) の仮定に矛盾する．　　□

系 6.14

$D \subset \mathbf{R}^2$ 上の関数 $f(x, y)$ が点 $P \in D$ で連続である必要十分条件は点 P に収束する D の任意の点列 $\{P_n\}$ について，

$$\lim_{n \to \infty} f(P_n) = f(P)$$

が成立することである．

🌿 定理 1.10 の証明

有界閉集合 $X \subset \mathbf{R}^2$ 上の連続関数 $f(x, y)$ に最大値と最小値が存在することを証明する．

[証明]　ステップ 1．値域 $f(X) \subset \mathbf{R}$ は有界である．もし，$f(X)$ が有界でないなら，各自然数 n について，$|f(P_n)| > n$ となる点 $P_n \in X$ が存在する．点列 $\{P_n\}$ は有界だから，収束する部分列 $\{P_{n_k}\}$ が存在する（定理 6.9）．その極限を P とすると，X が閉集合だから，$P \in X$ である（命題 6.3）．関数 f の連続性により，$f(P_{n_k}) \to f(P)$ となる．しかし，$|f(P_{n_k})| > n_k \geq k$ なので，点列 $\{f(P_{n_k})\}$ は収束しない．矛盾である．

ステップ 2．まず，最大値の存在を証明する．$f(X)$ が有界だから，

上限 $M = \sup f(X)$ が存在する．このとき，各自然数 n に対して，

$$M - \frac{1}{n} < f(P_n) \leq M$$

となる点 $P_n \in X$ が存在する．さて，X の点列 $\{P_n\}$ には収束する部分列 $\{P_{n_k}\}$ が存在し，その極限を P とすると，$P \in X$ である（ステップ1参照）．いま，

$$M - \frac{1}{n_k} < f(P_{n_k}) \leq M$$

なので，はさみうちの原理（定理 6.1）により，$f(P_{n_k}) \to M$ である．関数 f の連続性から，$f(P_{n_k}) \to f(P)$ でもあるので，$M = f(P)$ が成立する．よって，M が最大値である．

最小値の存在証明も同様である．$m = \inf f(X)$ とすると，

$$m \leq f(Q_n) < m + \frac{1}{n}$$

を満たす点列 $\{Q_n\} \subset X$ が存在する．その収束する部分列 $\{Q_{n_k}\}$ をとり，その極限を Q とすれば，$Q \in X$ で，$m = f(Q)$ となる． $\square$

例 6.15

長方形 $[0, 2\pi] \times [0, \pi]$ 上の関数 $\sin(x)\sin(y)$ は $\left(\dfrac{\pi}{2}, \dfrac{\pi}{2}\right)$ で最大値 1 をとり，$\left(\dfrac{3\pi}{2}, \dfrac{\pi}{2}\right)$ で最小値 -1 をとる．

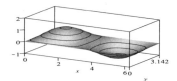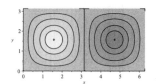

図 6-4　最大値・最小値

定理 6.16

　有界閉集合 $X \subset \mathbf{R}^2$ から $\mathbf{R}^2$ への連続写像 Φ の像 $\Phi(X)$ は有界閉集合である.

[証明]　定理 1.10 により, $\Phi(X)$ は有界である. 以下, $\Phi(X)$ は閉集合を示す. $\Phi = (f_1, f_2)$ とする. $\{Q_n\} \subset \Phi(X)$ を収束する任意の点列とし, $Q_n \to Q$ とする. このとき, $\Phi(P_n) = Q_n$ となる点 $P_n \in X$ がある. X は有界閉集合だから, 点列 $\{P_n\}$ には収束する部分列 $\{P_{n_k}\}$ が存在し（定理 6.9）, その極限を P とすると, $P \in X$ である. 関数 f_i の連続性により, $f_i(P_{n_k}) \to f_i(P)$ $(i = 1, 2)$ である. したがって, $Q_{n_k} = \Phi(P_{n_k}) \to \Phi(P)$ であるので, $Q = \Phi(P) \in \Phi(X)$ となり, $\Phi(X)$ が閉集合であることがわかる（命題 6.3）.　　　□

定義 6.17

　$X \subset \mathbf{R}^2$ 上の関数 $f(x, y)$ が**一様連続**[1](uniformly continuous) であるとは, 任意の正数 ε に対して, 正数 δ が存在して,

$$d(P, Q) < \delta, \ P, Q \in X \text{ のとき常に, } |f(P) - f(Q)| < \varepsilon$$

が成立することをいう.

定理 6.18

　有界閉集合 $X \subset \mathbf{R}^2$ で定義された連続関数 $f(x, y)$ は一様連続である.

[証明]　（背理法）連続関数 $f(x, y)$ が一様連続でないと仮定する. そうすると, ある $\varepsilon_0 > 0$ が存在して, どんな正数 δ をとっても, 点の

---
1)「一様」は正数 δ が点 P, Q によって変わらないという意味である.

組 $P, Q \in X$ が存在して，$d(P,Q) < \delta$ かつ $|f(P) - f(Q)| \geq \varepsilon_0$ が成
立する．そこで，各自然数 n について，$\delta = \dfrac{1}{n}$ に対する上記の P, Q
を P_n, Q_n とすると，

$$P_n, Q_n \in X, \quad d(P_n, Q_n) < \frac{1}{n}, \quad |f(P_n) - f(Q_n)| \geq \varepsilon_0$$

が成立する．数列 $\{P_n\}$ は有界だから，収束する部分列 $\{P_{n_k}\}$ が存在
する（定理 6.9）．番号を付け直して，$\{P_n\}$ 自身が収束することと
し，$\{Q_n\}$ もそれに合わせて番号を付け直す．そこで，$\{P_n\}$ の極限
を $P \in X$ とすると（命題 6.3），$d(P_n, Q_n) < \dfrac{1}{n}$ であるので，

$$\lim_{n \to \infty} Q_n = \lim_{n \to \infty} P_n - \lim_{n \to \infty} (P_n - Q_n) = P$$

となる．このとき，$f(x, y)$ の連続性から，

$$\lim_{n \to \infty} f(P_n) = f(P) = \lim_{n \to \infty} f(Q_n)$$

となる．したがって，ある自然数 N が存在して，$n \geq N$ のとき，

$$|f(P_n) - f(P)| < \frac{\varepsilon_0}{2} \quad \text{かつ} \quad |f(Q_n) - f(P)| < \frac{\varepsilon_0}{2}$$

となる．このとき，$|f(P_n) - f(Q_n)| < \varepsilon_0$ が成立する．これは，仮定
した条件 $|f(P_n) - f(Q_n)| \geq \varepsilon_0$ に矛盾する． $\qquad\square$

定理 6.18 に相当する 1 変数関数の定理は次のようになる．

定理 6.19

閉区間 $[a, b]$ 上の連続関数 $f(x)$ は一様連続である．すなわ
ち，任意の正数 ε に対して，正数 δ が存在して，$|x - \xi| < \delta$，
$x, \xi \in [a, b]$ のとき，$|f(x) - f(\xi)| < \varepsilon$ が成立する．

ところで，積分のパラメータに関する連続性の証明にも一様連続
性が必要である．

定理 6.20

$R = [a, b] \times [c, d]$ 上の連続関数 $f(x, y)$ を積分した関数

$$g(x) = \int_c^d f(x, y)dy, \quad h(y) = \int_a^b f(x, y)dx$$

はそれぞれ，連続関数である．

長方形を縦線集合に一般化した次の定理を証明する．

命題 6.21

縦線集合 $D = \{(x, y) \in \mathbf{R}^2 \,|\, a \le x \le b, \, \varphi(x) \le y \le \psi(x)\}$
（ここで，$\varphi(x), \psi(x)$ は $[a, b]$ 上の連続関数）上の連続関数
$f(x, y)$ を積分した関数

$$g(x) = \int_{\varphi(x)}^{\psi(x)} f(x, y)dy$$

は $[a, b]$ 上の連続関数である．

[証明]　$x \in [a, b]$ に対して，$c \le \varphi(x) \le \psi(x) \le d$ とする．D は有
界閉集合だから，$f(x, y)$ の一様連続性（定理 6.18）により，任意の
正数 ε に対して $\delta_1 > 0$ が存在して，$P, Q \in D, d(P, Q) < \delta_1$ のとき，
$|f(P) - f(Q)| < \dfrac{\varepsilon}{3(d - c)}$ が成立する．

次に，D 上で $|f(x, y)| \le M$ となる正数 M をとる．$\varphi(x), \psi(x)$ の
一様連続性（定理 6.19）により，$\delta_2 > 0$ が存在して，$|x - \xi| < \delta_2$ の
とき，

$$|\varphi(x) - \varphi(\xi)| < \frac{\varepsilon}{3M} \quad かつ \quad |\psi(x) - \psi(\xi)| < \frac{\varepsilon}{3M}$$

が成立する. そこで, $\delta = \min\{\delta_1, \delta_2\}$ とおく.

さて, $x, \xi \in [a,b]$ について, 差 $g(x) - g(\xi)$ は

$$\int_{\varphi(\xi)}^{\psi(\xi)} \{f(x,y) - f(\xi,y)\}dy + \int_{\psi(\xi)}^{\psi(x)} f(x,y)dy + \int_{\varphi(x)}^{\varphi(\xi)} f(x,y)dy$$

と表される. $|x - \xi| < \delta$ ならば, $d((x,y),(\xi,y)) < \delta$ であるので,

$$\left| \int_{\varphi(\xi)}^{\psi(\xi)} \{f(x,y) - f(\xi,y)\}dy \right| < \frac{\varepsilon|\psi(\xi) - \varphi(\xi)|}{3(d-c)} \leq \frac{\varepsilon}{3},$$

$$\left| \int_{\psi(\xi)}^{\psi(x)} f(x,y)dy \right| \leq M|\psi(x) - \psi(\xi)| < \frac{\varepsilon}{3},$$

$$\left| \int_{\varphi(\xi)}^{\varphi(x)} f(x,y)dy \right| \leq M|\varphi(x) - \varphi(\xi)| < \frac{\varepsilon}{3}$$

が成立し, $|g(x) - g(\xi)| < \varepsilon$ となるので, $g(x)$ は連続関数である. $\square$

命題 4.10 の証明

連続関数のグラフ $\Gamma = \{(x, f(x)) \mid x \in [a,b]\}$ は零集合であることを証明する.

[証明] $f(x)$ は $[a,b]$ で一様連続だから, 任意の正数 ε に対して $\delta > 0$ が存在して, $|x - \xi| < \delta$ のとき, $|f(x) - f(\xi)| < \frac{\varepsilon}{b-a}$ が成立する. そこで, $[a,b]$ の分割 $\{a = x_0 < x_1 < \cdots < x_k = b\}$ を, $\max_{i=1}^k\{x_i - x_{i-1}\} < \delta$ となるようにとる. 次に, $[x_{i-1}, x_i]$ 上の $f(x)$ の最大値を M_i, 最小値を m_i とし, $R_i = [x_{i-1}, x_i] \times [m_i, M_i]$ とおく. このとき, $\Gamma \subset \bigcup_{i=1}^k R_i$ であり, $M_i - m_i < \frac{\varepsilon}{b-a}$ に注意すると, $\sum_{i=1}^k |R_i| < \varepsilon$ が成立する.

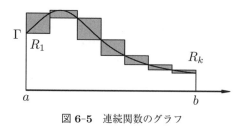

図 6-5　連続関数のグラフ

🌿 命題 5.6 の証明

なめらかな曲線 $C = \{(\varphi(t), \psi(t)) \mid t \in [a, b]\}$ の長さ $L(C)$ は折れ線の長さ $L(\Delta)$ の極限であることを示す.

[証明]　定義から，$L(C)$ は次のように表される.

$$L(C) = \int_a^b f(t)dt, \qquad f(t) = \sqrt{\varphi'(t)^2 + \psi'(t)^2}.$$

次に，平均値の定理により，$\varphi(t_i) - \varphi(t_{i-1}) = \varphi'(\xi_i)(t_i - t_{i-1})$, $\psi(t_i) - \psi(t_{i-1}) = \psi'(\eta_i)(t_i - t_{i-1})$ を満たす $\xi_i, \eta_i \in (t_{i-1}, t_i)$ が存在するので，$L(\Delta)$ は次のように表される.

$$L(\Delta) = \sum_{i=1}^n \sqrt{\varphi'(\xi_i)^2 + \psi'(\eta_i)^2}(t_i - t_{i-1}).$$

次の不等式は O, $(\varphi'(\xi_i), \psi'(\eta_i))$, $(\varphi'(\xi_i), \psi'(\xi_i))$ を頂点とする三角形に関する三角不等式である.

$$|\sqrt{\varphi'(\xi_i)^2 + \psi'(\eta_i)^2} - f(\xi_i)| \le |\psi'(\xi_i) - \psi'(\eta_i)|$$

さて，任意の正数 ε に対して，$\psi'(t)$ の一様連続性により，$\delta_1 > 0$ が存在して，$|t - \tau| < \delta_1$ のとき，$|\psi'(t) - \psi'(\tau)| < \dfrac{\varepsilon}{2(b-a)}$ が成立する. よって，$|\Delta| < \delta_1$ のとき，上記の不等式の両辺に，$|t_i - t_{i-1}|$

を乗じて，和をとることにより，次が成立する．

$$\left| L(\Delta) - \sum_{i=1}^{n} f(\xi_i)(t_i - t_{i-1}) \right| < \frac{\varepsilon}{2}$$

一方，$\delta_2 > 0$ が存在して，$|\Delta| < \delta_2$ のとき，次が成立する．

$$\left| \sum_{i=1}^{n} f(\xi_i)(t_i - t_{i-1}) - L(C) \right| < \frac{\varepsilon}{2}$$

以上から，$|\Delta| < \min\{\delta_1, \delta_2\}$ のとき，$|L(\Delta) - L(C)| < \varepsilon$ が成立する．すなわち，$|\Delta| \to 0$ のとき，$L(\Delta) \to L(C)$ である． $\square$

6.4　ダルブーの定理

長方形 $R = [a, b] \times [c, d]$ 上の有界な関数 $f(x, y)$ を考える．まず，

$$M = \sup\{|f(P)| \,|\, P \in R\}, \quad L = \max\{b - a, d - c\}$$

を定義しておく．R の分割

$$\Delta = \{a = x_0 < \cdots < x_m = b; c = y_0 < \cdots < y_n = d\}$$

が与えられたとき，長方形 $R_{ij} = [x_{i-1}, x_i] \times [y_{j-1}, y_j]$ が定まる．関数 $f(x, y)$ は R_{ij} 上でも有界だから，上限と下限

$$M_{ij} = \sup\{f(P) \,|\, P \in R_{ij}\}, \quad m_{ij} = \inf\{f(P) \,|\, P \in R_{ij}\}$$

が存在する．そこで，分割 Δ に関する $f(x, y)$ の**過剰和**（upper sum），**不足和**（lower sum）を次で定義する．

$$S(f,\Delta) = \sum_{i=1}^{m}\sum_{j=1}^{n} M_{ij}|R_{ij}|, \quad s(f,\Delta) = \sum_{i=1}^{m}\sum_{j=1}^{n} m_{ij}|R_{ij}|$$

このとき，分割 Δ の代表点 $\{P_{ij}\}$ によらず，

$$s(f,\Delta) \leq S(f,\Delta,\{P_{ij}\}) \leq S(f,\Delta)$$

が成立する（不等式 $m_{ij} \leq f(P_{ij}) \leq M_{ij}$ から明らか）.

補題 6.22

　任意の正数 ε に対して，

(1)　$S(f,\Delta) - S(f,\Delta,\{Q_{ij}\}) < \varepsilon$

(2)　$S(f,\Delta,\{Q'_{ij}\}) - s(f,\Delta) < \varepsilon$

を満たす分割 Δ の代表点 $\{Q_{ij}\}$ および，$\{Q'_{ij}\}$ が存在する.

[証明]　ここでは，(1) を示す. M_{ij} の定義から，

$$M_{ij} - \frac{\varepsilon}{|R|} < f(Q_{ij})$$

となる $Q_{ij} \in R_{ij}$ がある．したがって，$|R_{ij}|$ を乗じて和をとると，

$$S(f,\Delta) - \varepsilon < S(f,\Delta,\{Q_{ij}\})$$

が成立する．これは不等式 (1) である.　　　　　　　□

定義 6.23

　長方形 $R = [a,b] \times [c,d]$ の分割 Δ^* が R の分割 Δ の細分であるとは，Δ における $[a,b]$ および $[c,d]$ の分点がそれぞれ，Δ^* における $[a,b]$ および $[c,d]$ の分点に含まれることをいう.

　例えば，分割 Δ と Δ' があるとき，両方の分点を合わせた分割 $\Delta \cup \Delta'$ は Δ と Δ' の共通の細分である.

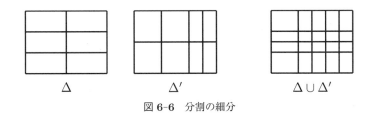

図 6-6 分割の細分

補題 6.24

$R = [a, b] \times [c, d]$ の分割 Δ に $[a, b]$ の分点か $[c, d]$ の分点を
1 点付け加えた細分を Δ' とするとき, 不等式

(1) $0 \le S(f, \Delta) - S(f, \Delta') \le 2ML|\Delta|$

(2) $0 \le s(f, \Delta') - s(f, \Delta) \le 2ML|\Delta|$

が成立する.

[証明] $\Delta = \{a = x_0 < \cdots < x_m = b; c = y_0 < \cdots < y_n = d\}$ と
する. ここでは, 細分 Δ' として, $[c, d]$ の分点に y' ($y_{k-1} < y' < y_k$)
を付け加えた場合に, 不等式 (1) を証明する. このとき, 長方形 R_{ik}
は長方形 $R'_{ik} = [x_{i-1}, x_i] \times [y_{k-1}, y']$ と長方形 $R''_{ik} = [x_{i-1}, x_i] \times$
$[y', y_k]$ に分割される $(i = 1, \ldots, m)$.

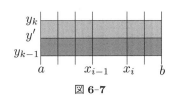

図 6-7

そこで, $M'_{ik} = \sup\{f(P)|P \in R'_{ik}\}$, $M''_{ik} = \sup\{f(P)|P \in R''_{ik}\}$
とおくと, $0 \le M_{ik} - M'_{ik} \le 2M$ および, $0 \le M_{ik} - M''_{ik} \le 2M$ で
ある. このとき,

$$S(f, \Delta) - S(f, \Delta') = \sum_{i=1}^{m} \left\{ M_{ik}|R_{ik}| - M'_{ik}|R'_{ik}| - M''_{ik}|R''_{ik}| \right\}$$

$$= \sum_{i=1}^{m} \left\{ (M_{ik} - M'_{ik})|R'_{ik}| + (M_{ik} - M''_{ik})|R''_{ik}| \right\}$$

$$\leq 2M \sum_{i=1}^{m} |R_{ik}| = 2M(b-a)(y_k - y_{k-1}) \leq 2ML|\Delta|$$

となる. したがって, 不等式 (1) が成立する. □

系 6.25

分割 Δ^* が分割 Δ の細分ならば, 不等式

$$S(f, \Delta^*) \leq S(f, \Delta), \quad s(f, \Delta) \leq s(f, \Delta^*)$$

が成立する.

[証明]　補題 6.24 をくり返し用いればよい. □

補題 6.26

長方形 R の分割 Δ, Δ' について, 次の不等式が成立する.

$$s(f, \Delta) \leq S(f, \Delta')$$

[証明]　分割 Δ と Δ' の共通の細分を Δ^* とすると, 系 6.25 により,

$$s(f, \Delta) \leq s(f, \Delta^*) \leq S(f, \Delta^*) \leq S(f, \Delta')$$

が成立する. □

定義 6.27

R の任意の分割 Δ について, 評価式

$$-M|R| \leq s(f,\Delta) \leq S(f,\Delta) \leq M|R|$$

が成立するので,$\mathbf{R}$ の部分集合 $\{S(f,\Delta)\,|\,\Delta\}$, $\{s(f,\Delta)\,|\,\Delta\}$ は共に有界集合である.そこで,前者の下限と後者の上限

$$S(f) = \inf_{\Delta} S(f,\Delta), \qquad s(f) = \sup_{\Delta} s(f,\Delta)$$

を定義すると,補題 6.26 により,$s(f) \leq S(f)$ が成立する.ここで,等号 $S(f) = s(f)$ が成立するとき,関数 $f(x,y)$ は R でダルブー[2]積分可能であるという.

定理 6.28

$f(x,y)$ がダルブー積分可能である必要十分条件は任意の正数 ε に対して,R の分割 Δ が存在して,

$$S(f,\Delta) - s(f,\Delta) < \varepsilon$$

が成立することである.

[証明]　(十分条件) 背理法で示す.そのため,$S(f) > s(f)$ と仮定し,$\varepsilon < S(f) - s(f)$ を満たす正数 ε をとる.仮定により,ある R の分割 Δ が存在して,$S(f,\Delta) - s(f,\Delta) < \varepsilon$ となる.一方,不等式

$$s(f,\Delta) \leq s(f) < S(f) \leq S(f,\Delta)$$

があるので,$S(f) - s(f) < \varepsilon$ となり,ε のとり方に反する.

（必要条件）$S(f) = s(f)$ とする.$s(f)$ は上限であるから,正数 ε に対して,$s(f) - \dfrac{\varepsilon}{2} < s(f,\Delta')$ となる R の分割 Δ' が存在する.同様に,$S(f,\Delta'') < S(f) + \dfrac{\varepsilon}{2}$ となる R の分割 Δ'' も存在する.このと

---

2)　Darboux, 1842-1917.

き，Δ' と Δ'' の共通の細分 Δ をとると，$S(f) = s(f)$ だから，

$$s(f) - \frac{\varepsilon}{2} < s(f, \Delta') \leq s(f, \Delta) \leq S(f, \Delta) \leq S(f, \Delta'') < s(f) + \frac{\varepsilon}{2}$$

となり，$S(f, \Delta) - s(f, \Delta) < \varepsilon$ が成立する．　　　　□

注意 6.29

　有界閉集合 $D \subset \mathbf{R}^2$ を含む長方形 R の分割 Δ を考え，R を小長方形に分割する．そこで，D に含まれる小長方形全体の面積を $\underline{a}(D, \Delta)$ とし，D と共通点を持つ小長方形全体の面積を $\bar{a}(D, \Delta)$ で表す．さらに，上限 $\sup_\Delta \underline{a}(D, \Delta)$ を**内面積**（inner area）と呼び，下限 $\inf_\Delta \bar{a}(D, \Delta)$ を**外面積**（outer area）と呼ぶ．このとき，D 上の関数 1 を R 上に拡張した関数 $\tilde{1}_D$ がダルブー積分可能であるということと，D の内面積と外面積が一致することとは同値である．

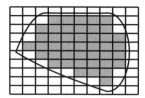 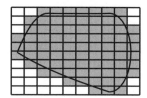

図 6-8　内面積と外面積

定理 6.30　ダルブーの定理

　任意の正数 ε に対して，正数 δ が存在して，R の分割 Δ について $|\Delta| < \delta$ であれば，

(1)　$0 \leq S(f, \Delta) - S(f) < \varepsilon$

(2)　$0 \leq s(f) - s(f, \Delta) < \varepsilon$

が成立する．

[証明]　ここでは (2) を証明する．上限の定義により，

$$s(f) - \frac{\varepsilon}{2} < s(f, \tilde{\Delta})$$

を満たす R の分割 $\tilde{\Delta}$ が存在する. ここで,

$$\tilde{\Delta} = \{a = x_0 < \cdots < x_{p+1} = b;\, c = y_0 < \cdots < y_{q+1} = d\}$$

としておく. さらに,

$$\delta < \frac{\varepsilon}{4ML(p+q)}$$

を満たす正数 δ に対して, $|\Delta| < \delta$ を満たす R の分割 Δ をとる.

　このとき, 分割 $\Delta^* = \Delta \cup \tilde{\Delta}$ は Δ から始めて, $[a,b]$ に高々 p 点, $[c,d]$ に高々 q 点の分点を追加して得られる. 補題 6.24 を順次適用することにより,

$$0 \le s(f, \Delta^*) - s(f, \Delta) \le 2ML|\Delta|(p+q) < \frac{\varepsilon}{2}$$

となる. 系 6.25 により, $s(f, \tilde{\Delta}) \le s(f, \Delta^*)$ であった. 以上から,

$$\begin{aligned}
0 \le s(f) - s(f, \Delta) &= s(f) - s(f, \tilde{\Delta}) + s(f, \tilde{\Delta}) - s(f, \Delta) \\
&\le \{s(f) - s(f, \tilde{\Delta})\} + \{s(f, \Delta^*) - s(f, \Delta)\} \\
&< \frac{\varepsilon}{2} + \frac{\varepsilon}{2} = \varepsilon
\end{aligned}$$

が成立する. ☐

定理 6.31

　長方形 R 上の有界関数 $f(x,y)$ が積分可能である必要十分条件は $f(x,y)$ がダルブー積分可能であることである. このとき, 次の等式が成立する.

$$\iint_R f(x,y)\, dxdy = S(f) = s(f)$$

[証明]　（必要条件）$f(x, y)$ は積分可能とし，重積分の値を I とすると，任意の正数 ε に対して，正数 δ が存在して，R の分割 Δ について $|\Delta| < \delta$ のとき，代表点 $\{P_{ij}\}$ によらず，$|S(f, \Delta, \{P_{ij}\}) - I| < \dfrac{\varepsilon}{4}$ が成立する.

このとき，補題 6.22 により，

$$S(f, \Delta) - \frac{\varepsilon}{4} < S(f, \Delta, \{Q_{ij}\}), \quad S(f, \Delta, \{Q'_{ij}\}) < s(f, \Delta) + \frac{\varepsilon}{4}$$

となる Δ の代表点 $\{Q_{ij}\}$, $\{Q'_{ij}\}$ が存在する. さらに，

$$|S(f, \Delta, \{Q_{ij}\}) - S(f, \Delta, \{Q'_{ij}\})| < \frac{\varepsilon}{2}$$

に注意すると，

$$S(f, \Delta) - s(f, \Delta) < \varepsilon$$

が成立し，定理 6.28 により，$f(x, y)$ はダルブー積分可能である.

（十分条件）$I = S(f) = s(f)$ とおく. 任意の正数 ε に対して $\delta > 0$ が存在して，R の分割 Δ について，$|\Delta| < \delta$ であれば，

$$S(f, \Delta) - \varepsilon < I < s(f, \Delta) + \varepsilon$$

が成立する（定理 6.30）. また，代表点 $\{P_{ij}\}$ によらず，

$$s(f, \Delta) \leq S(f, \Delta, \{P_{ij}\}) \leq S(f, \Delta)$$

が成立した. 以上から，

$$|S(f, \Delta, \{P_{ij}\}) - I| < \varepsilon$$

が導かれるので，$f(x, y)$ は積分可能である. また，重積分の値は I に一致する.　　　　　　　□

6.5 積分可能性の証明

🦢 定理 4.4 の証明

長方形 R で定義された連続関数 $f(x,y)$ は積分可能であることを証明する.

[証明] 定理 6.18 により, $f(x,y)$ は R 上で一様連続である. したがって, 任意の正数 ε に対して, 正数 δ が存在して, 点の組 $P, Q \in R$ に対して, $d(P,Q) < \delta$ であれば,

$$|f(P) - f(Q)| < \frac{\varepsilon}{|R|}$$

が成立する.

いま, R の分割 Δ で, $|\Delta| < \dfrac{\delta}{\sqrt{2}}$ となるものをとると, 分割 Δ で生じた各長方形 R_{ij} 内の 2 点 P, Q に対して, $d(P,Q) < \delta$ となる.

図 6-9

定理 1.10 により, $f(P_{ij}) = M_{ij}$, $f(Q_{ij}) = m_{ij}$ となる $P_{ij}, Q_{ij} \in R_{ij}$ が存在する. このことから,

$$0 \le M_{ij} - m_{ij} = f(P_{ij}) - f(Q_{ij}) < \frac{\varepsilon}{|R|}$$

となる. そこで, この不等式の両辺に $|R_{ij}|$ を乗じて和をとると, もちろん, $\sum_{i,j} |R_{ij}| = |R|$ であるので,

$$S(f,\Delta) - s(f,\Delta) = \sum_{i,j} (M_{ij} - m_{ij})|R_{ij}| < \varepsilon$$

が成立する．したがって，定理 6.28 と定理 6.31 により，$f(x,y)$ は積分可能であることがわかる．　　　　　　　　　　　　　　□

🌱 定理 4.11 の証明

　長方形 R 上の有界関数 $f(x,y)$ は零集合 E を除いたところで連続であれば，積分可能であることを証明する．

[証明]　$f(x,y)$ は有界だから，R 上で，$|f(x,y)| \leq M$ となる正数 M が存在する．任意の正数 ε に対して，零集合の定義により，E を覆う有限個の長方形 R_i' $(i = 1,\ldots,k)$ で，$\sum_{i=1}^{k} |R_i'| < \dfrac{\varepsilon}{16M}$ となるものがある．このとき，各 R_i' を中心のまわりに 2 倍に拡大した長方形を R_i とすれば，E は R_i の内部で覆われ，

$$\sum_{i=1}^{k} |R_i| < \frac{\varepsilon}{4M}$$

が成立する．

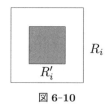

図 6-10

　このとき，

$$X = R \setminus \left\{ \bigcup_{i=1}^{k} (R_i \text{ の内部}) \right\}$$

は有界閉集合である．

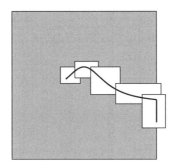

図 6-11　E と X

　X は E の点を含まないので，関数 $f(x, y)$ は X で連続になり，定理 6.18 により，一様連続である．したがって，正数 δ が存在して，組 $P, Q \in X$ に対して，$d(P, Q) < \dfrac{\delta}{\sqrt{2}}$ のとき，

$$|f(P) - f(Q)| < \frac{\varepsilon}{2|R|}$$

が成立する．そこで，R の分割で，R 内にある R_i の辺をすべて含み，$\delta(\Delta) < \delta$ となるものをとる．

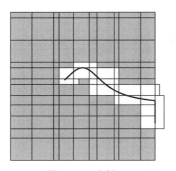

図 6-12　分割 Δ

　ところで，差 $S(f, \Delta) - s(f, \Delta)$ は

$$\sum{}'(M_{ij} - m_{ij})|R_{ij}| + \sum{}''(M_{ij} - m_{ij})|R_{ij}|$$

と表される. ここで, $\sum'$ はどれかの R_i に含まれる小長方形の和, $\sum''$ は X 内の小長方形の和である. このとき, $M_{ij} - m_{ij} \le 2M$ だから, $\sum'$ の部分は $\frac{\varepsilon}{2}$ で押さえられる. また, $\sum''$ の部分も $\frac{\varepsilon}{2}$ で押さえられる（定理 4.4 の証明参照）. したがって,

$$S(f, \Delta) - s(f, \Delta) < \varepsilon$$

が成立する. よって, 定理 6.28 と定理 6.31 により, $f(x, y)$ は積分可能である. □

命題 6.32　**絶対値関数**

　長方形 R 上の有界関数 $f(x, y)$ がダルブー積分可能であれば, 絶対値関数 $|f(x, y)|$ もダルブー積分可能である.

[証明]　定理 6.28 により, 任意の正数 ε に対して, R の分割 Δ が存在して, $S(f, \Delta) - s(f, \Delta) < \varepsilon$ が成立する. Δ の定める長方形 R_{ij} について,

$$\overline{M}_{ij} = \sup\{|f(P)| \mid P \in R_{ij}\}, \quad \overline{m}_{ij} = \inf\{|f(Q)| \mid Q \in R_{ij}\}$$

とおく. さて, $P, Q \in R_{ij}$ であれば,

$$|f(P)| - |f(Q)| \le |f(P) - f(Q)| \le M_{ij} - m_{ij}$$

となるので, $P \in R_{ij}$ に関する上限と, $Q \in R_{ij}$ に関する下限をとることで, $\overline{M}_{ij} - \overline{m}_{ij} \le M_{ij} - m_{ij}$ を得る. そこで, 両辺に $|R_{ij}|$ を乗じて和をとると,

$$S(|f|, \Delta) - s(|f|, \Delta) \le S(f, \Delta) - s(f, \Delta) < \varepsilon$$

が成立する. したがって, 定理 6.28 により, $|f(x, y)|$ が積分可能であることがわかる. □

演習問題 6

$\boxed{1}$ $\displaystyle\lim_{n\to\infty} a_n = \alpha$ で，$a_n \geq 0 \ (n \geq 1)$ ならば，

$$\lim_{n\to\infty} \sqrt{a_n} = \sqrt{\alpha}$$

であることを示せ．

$\boxed{2}$ 数列 $\{a_n\}$ を次のように定める．

$$a_1 = 2, \qquad a_{n+1} = \frac{1}{2}\left(a_n + \frac{2}{a_n}\right) \quad (n \geq 1)$$

(1)　a_4 を小数第 5 位まで求めよ．

(2)　$a_n \geq \sqrt{2}$ を示せ．

(3)　数列 $\{a_n\}$ は単調減少数列であることを示せ．

(4)　極限 $\displaystyle\lim_{n\to\infty} a_n$ を求めよ．

$\boxed{3}$ 閉区間 $[a, b]$ 上の連続関数 $f(x)$ について，$a \leq f(x) \leq b$ であれば，$f(c) = c$ となる $c \in [a, b]$ が存在することを示せ．

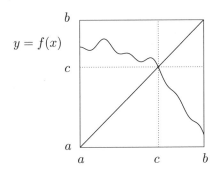

$\boxed{4}$ 部分集合 $X, Y \subset \mathbf{R}^2$ 間の距離 (distance) は

$$d(X, Y) = \inf\{d(P, Q) \mid P \in X, Q \in Y\}$$

で定義される. X が有界閉集合で, Y が閉集合のときには, $X \cap Y = \emptyset$ であれば, $d(X, Y) > 0$ であることを証明せよ.

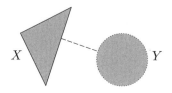

$\boxed{5}$ 次の関数について, $\mathbf{R}^2$ で一様連続かどうか判定せよ.

(1)　$ax + by + c$　　　　　　　(2)　xy

$\boxed{6}$ 長方形 $R = [-2, 1] \times [-1, 2]$ の分割

$$\Delta : \{-2, -1, 0, 1\}; \{-1, 0, 1, 2\}$$

を考える. このとき, 関数 $f(x, y) = x^2 + x + y^2 - y + 1$ に対して, $s(\Delta, f)$ および, $S(\Delta, f)$ を計算せよ.

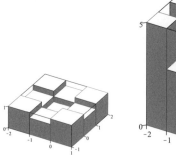
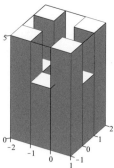

問題解答

第 1 章

問題 **1.1** :

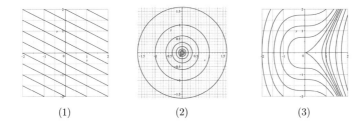

| (1) | (2) | (3) |

問題 **1.2** : (1)　0 に収束.　　(2)　収束しない.

問題 **1.3** : (2) を証明する. (1) の証明も同様である. $P \in \partial(X \cap Y)$ とする. 任意の正数 ε に対して, $B_\varepsilon(P) \cap (X \cap Y) \neq \emptyset$ かつ $B_\varepsilon(P) \cap (X \cap Y)^c \neq \emptyset$ である. 等式 $(X \cap Y)^c = X^c \cup Y^c$ があるので (ド・モルガンの法則), 後者は

$$(B_\varepsilon(P) \cap X^c) \cup (B_\varepsilon(P) \cap Y^c) \neq \emptyset$$

となる. したがって, $P \in \partial X$ または, $P \in \partial Y$ である.

問題 **1.4** : 補題 1.11 が適用できる. $U \subset \mathbf{R}^2$ を開集合とすると, Ψ が連続写像だから, $\Psi^{-1}(U)$ は開集合である. そのとき, Φ も連続写像だから, $\Phi^{-1}(\Psi^{-1}(U)) = (\Psi \circ \Phi)^{-1}(U)$ は開集合である.

問題 **1.5** : 関係式 $(F_1 \cup \cdots \cup F_n)^c = F_1^c \cap \cdots \cap F_n^c$ および $(\bigcap_\lambda F_\lambda)^c = \bigcup_\lambda F_\lambda^c$ があるので, 命題 1.8 ($\mathbf{R}^n$ でも成立する) と命題 1.14 の結果を適用すればよい.

第 1 章の演習問題

1　(a)　（ウ）　　(b)　（ア）　　(c)　（エ）　　(d)　（イ）

2

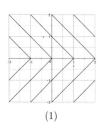
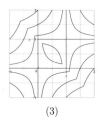

(1)　　　　　　　　　(2)　　　　　　　　　(3)

3　(1)　(C)　　(2)　(B)　　(3)　(A)

4　(1)　7　　(2)　収束しない. 直線 $y = \tan\theta\, x$ に沿って，原点 $(0,0)$ に近づくときの極限は $\sin\theta + \cos\theta$ である.　　(3)　1　　(4)　0

5　(1), (2)　容易.　(3)　コーシー・シュワルツの不等式を用いよ.

第 2 章

問題 2.1：
(1)　$f_x = 2x\{4y^2 - 3(x^2+y^2)^2\}$,　$f_y = 2y\{4x^2 - 3(x^2+y^2)^2\}$
(2)　$f_x = xy^2(x+2)e^x$,　$f_y = 2x^2 ye^x$
(3)　$f_x = \dfrac{y}{(3x+2y)^2}$,　$f_y = -\dfrac{x}{(3x+2y)^2}$

問題 2.2：(1)　$z = 1 + 3(x-1) - 2y$　　(2)　$z = 1$
(3)　$z = 2 + 3(x-1) - (y-1)$
(4)　$z = \dfrac{7}{8} - \dfrac{1}{2}\left\{\left(x - \dfrac{1}{2}\right) + \left(y - \dfrac{1}{2}\right)\right\}$

問題 2.3：(1)　$f(x,y) = \dfrac{x^7}{y^6}$ とおく. $f(x,y)$ の $(3,3)$ における 1 次近似関数 $f(3,3) + f_x(3,3)(x-3) + f_y(3,3)(y-3)$ は

$$g(x,y) = 3 + 7(x-3) - 6(y-3)$$

となる. このとき，$g(2.99, 3.02) \fallingdotseq 2.81$ である.
　(2)　$f(x,y) = \sqrt{x/y}$ とおく. $f(x,y)$ の $(1,4)$ における 1 次近似関数 $f(1,4) + f_x(1,4)(x-1) + f_y(1,4)(y-4)$ は

$$h(x,y) = 0.5 + \frac{1}{4}(x-1) - \frac{1}{16}(y-4)$$

となる．このとき，$h(1.1, 3.9) \fallingdotseq 0.53$ である．

問題 2.4：$f(x,y)$ は連続関数で，$f_x(0,0) = f_y(0,0) = 0$ である．また，$\epsilon(x,y) = \sqrt{|xy|}$ であるので，θ を固定して，$x = r\cos\theta, \, y = r\sin\theta$ とすると，

$$\lim_{r\to 0} \frac{\epsilon(x,y)}{\sqrt{x^2+y^2}} = \sqrt{|\cos\theta\sin\theta|}$$

となる．よって，$f(x,y)$ は原点では全微分可能ではない．

問題 2.5：原点におけるベクトル $(\cos\theta, \sin\theta)$ に対する方向微分は

$$\lim_{t\to 0} \frac{t^3\cos^2\theta\sin\theta}{t^2} = 0$$

である．また，原点で全微分可能でないことは問題 2.4 と同様にして示すことができる．

問題 2.6：

 (1) $f_{xx} = 12y^2(3x^2+y^4), \quad f_{xy} = 24xy(x^2+3y^4)$

 (2) $f_{xx} = 6xy^7, \quad f_{xy} = y^6(21x^2-8y)$

 (3) $f_{xx} = \dfrac{2e^{-y}\tan x}{\cos^2 x}, \quad f_{xy} = -\dfrac{e^{-y}}{\cos^2 x}$

問題 2.7：省略．

第 2 章の演習問題

$\boxed{1}$ (c)

$\boxed{2}$ (1) $f_x = \dfrac{2xy}{(x^2+y^2)^2}, \quad f_y = 1 - \dfrac{x^2-y^2}{(x^2+y^2)^2}$

 (2) $f_x = 1 - \dfrac{y^2}{(x^2+y^2)^{3/2}}, \quad f_y = \dfrac{xy}{(x^2+y^2)^{3/2}}$

 (3) $f_x = \dfrac{2y}{x^2-y^2}, \quad f_y = -\dfrac{2x}{x^2-y^2}$

 (4) $f_x = f_y = \sin(x+y)\sin(\cos(x+y))$

 (5) $f_x = x^{y-1}y, \quad f_y = x^y\log x$

$\boxed{3}$ $f_{xx} + f_{yy} = (x^2+y^2)g''(xy)$

 (1) $-(x^2+y^2)\sin(1+xy)$ (2) $-\dfrac{x^2+y^2}{(1+xy)^2}$

 (3) $\dfrac{8(x^2+y^2)(2-xy)}{(1+xy)^4}$

$\boxed{4}$ (1) $h(x,y) = f(x,y) - g(x,y)$ とおくと，$h_x = h_y = 0$ だから，系 2.16

により，$h = C$（定数）である.

(2) $g(x, y) = xy$ とすると，$g_x = y, g_y = x$ となるので，$f(x, y) = xy + C$ である.

5 点 $P_0 = (x_0, y_0) \in C$ をとる. 曲面 S_1 の P_0 における接平面は

$$H_1 : z = 2 + 2x_0(x - x_0) + 2y_0(y - y_0)$$

であり，法線ベクトルは $\mathbf{n}_1 = (2x_0, 2y_0, -1)$ である. 曲面 S_2 の P_0 における接平面は

$$H_2 : z = 2 - \frac{x_0}{4}(x - x_0) - \frac{y_0}{4}(y - y_0)$$

で，法線ベクトルは $\mathbf{n}_2 = \left(-\frac{x_0}{4}, -\frac{y_0}{4}, -1\right)$ である. このとき，$\mathbf{n}_1 \cdot \mathbf{n}_2 = -\frac{x_0^2 + y_0^2}{2} + 1 = 0$ である. したがって，H_1 と H_2 は直交している.

6 (1) 4   (2) $-\sqrt{2}$ (3) 2

7 (1) $e^{xyz}(yz, xz, xy)$

(2) $\left(-\dfrac{2xz^2}{(x^2 + y^2)^2}, -\dfrac{2yz^2}{(x^2 + y^2)^2}, \dfrac{2z}{x^2 + y^2}\right)$

(3) $\left(\dfrac{y}{xy - z^2}, \dfrac{x}{xy - z^2}, -\dfrac{2z}{xy - z^2}\right)$

第 3 章

問題 3.1：$f(x, y) = \dfrac{x^2}{a^2} - \dfrac{y^2}{b^2} - 1$ とおくと，$f_x = \dfrac{2x}{a^2}, f_y = -\dfrac{2y}{b^2}$ となるので，(x_0, y_0) における接線は

$$\frac{2x_0}{a^2}(x - x_0) - \frac{2y_0}{b^2}(y - y_0) = 0$$

である. このとき，関係式 $\dfrac{x_0^2}{a^2} - \dfrac{y_0^2}{b^2} = 1$ を用いると，接線の方程式は次の形になる.

$$\frac{x_0 x}{a^2} - \frac{y_0 y}{b^2} = 1$$

問題 3.2：例題 3.9 参照.

問題 3.3：点 $\left(\dfrac{\sqrt{2}}{2}, -1 + \dfrac{\sqrt{2}}{2}\right)$ で最大値 $\sqrt{2} - 1$ をとり，点 $(0, -1)$ で最小値 -1 をとる.

問題 **3.4**：$J_\Phi = 4(x^2 + y^2)$. 像 $\Phi(R)$ は二つの放物線と 1 本の直線で囲まれた図形である.

問題 **3.5**：(1) $J_\Phi = -4(xy - 1)$ で, Z_Φ は双曲線 $xy - 1 = 0$ である.

(2) $J_\Phi = 9(x^2 + y^2)^2$ となるので, $Z_\Phi = \{(0, 0)\}$ である.

第 3 章の演習問題

1 (1) $f_x = 9(x^2 - 1)$, $f_y = 2(y + 2)$ となるので, 停留点は $(1, -2)$ と $(-1, -2)$ である. $(1, -2)$ で極小値 -10.

	$(-1, -2)$	$(1, -2)$
f_{xx}	-18	18
$f_{xx}f_{yy} - f_{xy}^2$	-36	36
	鞍点	極小点

(2) $f_x = 2x - 2y$, $f_y = -2x + \dfrac{y^3}{2}$ と計算され, 停留点は $(0, 0), (2, 2),$ $(-2, -2)$ の 3 点である. $(2, 2), (-2, -2)$ で極小値 -2.

	$(0, 0)$	$(2, 2), (-2, -2)$
f_{xx}	2	2
$f_{xx}f_{yy} - f_{xy}^2$	-4	8
	鞍点	極小点

2 省略.

3 $\dfrac{x_0 x}{a^2} + \dfrac{y_0 y}{b^2} + \dfrac{z_0 z}{c^2} = 1$

4 $9x + 13y = 16$

5 長さ x cm で円を作り, 長さ y cm で正方形を作るとすると,

$$x = \frac{10\pi}{\pi + 4} \qquad y = \frac{40}{\pi + 4}$$

のとき，最小の面積 $\dfrac{25}{\pi + 4}$ cm^2 になる.

$\boxed{6}$ $d = \sqrt{a^2 + b^2 + c^2}$ とおくと，$(x, y, z) = \dfrac{(a, b, c)}{d}$ で，最大値 d をとり，$(x, y, z) = -\dfrac{(a, b, c)}{d}$ で，最小値 $-d$ をとる. また，$(x, y, z) \in \mathbf{R}^3$ について，$r = \sqrt{x^2 + y^2 + z^2}$ とおくと，$\dfrac{(x, y, z)}{r} \in S$ である.

第 4 章

問題 4.1：$2\sqrt{2} - 1$

問題 4.2：π

問題 4.3：(1) $\dfrac{8(\sqrt{2} - 1)}{3}$ (2) $\log 2 + \dfrac{\pi}{2}$

第 4 章の演習問題

$\boxed{1}$ (1) $\dfrac{7}{18}$ (2) $\dfrac{2}{\pi^2}$

$\boxed{2}$ (1) $D_1(\text{ウ})$, $D_2(\text{ア})$, $D_3(\text{イ})$

    (2) $\dfrac{1}{2}$ (A)

    (3) (a) $\dfrac{\pi}{3} + \dfrac{\sqrt{3}}{2}$ (b) $\dfrac{1}{4}$

$\boxed{3}$ (1) $\dfrac{32}{15}$ (2) 2π

$\boxed{4}$ $\dfrac{\sqrt{3}\,(\pi + 1)}{2}$

$\boxed{5}$ (1) π^2 (2) π

第 5 章

問題 5.1：第一象限の C は $y = \left(\dfrac{b}{a}\right)\sqrt{x^2 - a^2}$ と表されるので，$(a, 0)$ から (ξ, η) までの長さは次のようになる.

$$\int_a^\xi \sqrt{1+f'(x)^2}\,dx = \int_a^\xi \sqrt{\frac{(a^2+b^2)x^2-a^4}{a^2(x^2-a^2)}}\,dx$$

$$= \int_a^\xi \sqrt{\frac{k^2(x/a)^2-1}{(x/a)^2-1}}\,dx$$

$$= a\int_1^{\xi/a} \sqrt{\frac{k^2t^2-1}{t^2-1}}\,dt$$

問題 **5.2** : $\dfrac{56}{9}$

問題 **5.3** : 16

問題 **5.4** : $8\sqrt{3}\pi$

第 5 章の演習問題

$\boxed{1}$ $\sqrt{2}+\log(\sqrt{2}+1)$

$\boxed{2}$ $(\varphi(\theta),\psi(\theta))=(\rho(\theta)\cos\theta,\rho(\theta)\sin\theta)$ とおく. このとき,

$$\varphi'(\theta)=\rho'(\theta)\cos\theta-\rho(\theta)\sin\theta, \quad \psi'(\theta)=\rho'(\theta)\sin\theta+\rho(\theta)\cos\theta$$

であるので, $\varphi'(\theta)^2+\psi'(\theta)^2=\rho'(\theta)^2+\rho(\theta)^2$ が成立する.

$\boxed{3}$ (1) 8 (2) $\dfrac{3\pi}{2}$

$\boxed{4}$ $f(x,y)=\dfrac{x^3+y^3}{3}-xy$ とすると, $\mathbf{F}=\operatorname{grad} f$ である.

$\boxed{5}$ (1) (b), $\left(\dfrac{2x}{1+x^2+y^2},\dfrac{2y}{1+x^2+y^2}\right)$

(2) (c), $(-ye^{-x^2-y^2}(2x^2-1),-xe^{-x^2-y^2}(2y^2-1))$

(3) (a),

$$\left(-\frac{4x((x^2+y^2)^2+4(x^2-1))}{g(x,y)},-\frac{4y((x^2+y^2)^2+4(2x^2+y^2+1))}{g(x,y)}\right)$$

ただし, $g(x,y)=\{(x^2+y^2+2)^2-4x^2\}^2$.

$\boxed{6}$ (1) $\pi\left(\dfrac{7\sqrt{3}}{2}-\dfrac{\log(4\sqrt{3}+7)}{8}\right)$

(2) $2\pi\{35\sqrt{2}-3\sqrt{10}+\log(7+5\sqrt{2})-\log(3+\sqrt{10})\}$

第 6 章

問題 6.1：定理 1.5 の証明参照.

問題 6.2：a に収束する数列 $\{a_n\}$ の部分列 $\{a_{n_k}\}$ を考える. 任意の正数 ε に対して, ある自然数 N が存在して, $k \geq N$ ならば, $|a_k - a| < \varepsilon$ が成立する. このとき, $n_k \geq k \geq N$ だから, $|a_{n_k} - a| < \varepsilon$ も成立し, 部分列 $\{a_{n_k}\}$ は a に収束する.

第 6 章の演習問題

$\boxed{1}$ (1) $\underline{\alpha = 0 \text{ の場合}.}$ ε を任意の正数とする. 数列 $\{a_n\}$ が 0 に収束するので, 自然数 N が存在して, $n \geq N$ のとき, $0 \leq a_n < \varepsilon^2$ が成立する. このとき, $\sqrt{a_n} < \varepsilon$ となるので, $\displaystyle\lim_{n \to \infty} \sqrt{a_n} = 0$ である.

(2) $\underline{\alpha > 0 \text{ の場合}.}$ 次の不等式が成立する.

$$|\sqrt{a_n} - \sqrt{\alpha}| = \frac{|a_n - \alpha|}{\sqrt{a_n} + \sqrt{\alpha}} \leq \frac{|a_n - \alpha|}{\sqrt{\alpha}}$$

$a_n \to \alpha$ だから, 任意の正数 ε に対して, 自然数 N が存在して, $n \geq N$ のとき, $|a_n - \alpha| < \sqrt{\alpha}\varepsilon$ が成立する. このとき, $|\sqrt{a_n} - \sqrt{\alpha}| < \varepsilon$ となるので, $\displaystyle\lim_{n \to \infty} \sqrt{a_n} = \sqrt{\alpha}$ である.

$\boxed{2}$ (1) 1.14142 (2) a_n と $\dfrac{2}{a_n}$ に関する相加乗平均の不等式により, $a_{n+1} \geq \sqrt{2}$ が従う.

(3) $a_{n+1} - a_n = -\dfrac{a_n^2 - 2}{2a_n} < 0$

(4) 下に有界な単調減少数列 $\{a_n\}$ は収束する. 極限を α とすると, a_{n+1} の定義式から, $\alpha^2 = 2$ がわかる. よって, $\alpha = \sqrt{2}$ である.

$\boxed{3}$ $f(a) \neq a$ かつ $f(b) \neq b$ と仮定する. 関数 $g(x) = x - f(x)$ も $[a,b]$ 上の連続関数で, $g(a) < 0 < g(b)$ である. 定理 6.10 により, $g(c) = 0$ を満たす $c \in [a,b]$ が存在し, $f(c) = c$ が成立する.

$\boxed{4}$ (背理法) $d(X,Y) = 0$ と仮定する. 下限の定義から, 各自然数 n について, $d(P_n, Q_n) < \dfrac{1}{n}$ となる点の組 $P_n \in X$, $Q_n \in Y$ が存在する. X は有界閉集合だから, 定理 6.9 により, 点列 $\{P_n\}$ には収束する部分列が存在する. 番号を付け直して, $\{P_n\}$ 自身が収束するとし, $\{Q_n\}$ もそれに合わせて番

号を付け直す．$\{P_n\}$ の極限を P とすると，$P \in X$ である（命題 6.3）．このとき，

$$d(P, Q_n) \leq d(P, P_n) + d(P_n, Q_n)$$

が成立する．よって，点列 $\{Q_n\}$ も P に収束し，$P \in Y$ である（命題 6.3）．したがって，$P \in X \cap Y$ となり，仮定に反する．

$\boxed{5}$ (1) $P, Q \in \mathbf{R}^2$ について，不等式

$$|f(P) - f(Q)| \leq \sqrt{a^2 + b^2}\, d(P, Q)$$

が成立するので（コーシー・シュワルツの不等式），任意の正数 ε に対して，$\delta < \dfrac{\varepsilon}{\sqrt{a^2 + b^2}}$ とすれば，

$$d(P, Q) < \delta \quad \text{のとき，} \quad |f(P) - f(Q)| < \varepsilon$$

が成立する．したがって，$f(x, y)$ は $\mathbf{R}^2$ 上で一様連続である．

(2) 任意の正数 δ に対して，

$$P_\delta = \left(\frac{1}{\delta}, \frac{1}{\delta} \right), \quad Q_\delta = \left(\frac{1}{\delta} + \frac{\delta}{2}, \frac{1}{\delta} + \frac{\delta}{2} \right)$$

とおくと，$d(P_\delta, Q_\delta) < \delta$ かつ $|f(P_\delta) - f(Q_\delta)| > 1$ となるので，$f(x, y)$ は $\mathbf{R}^2$ 上では一様連続ではない．

$\boxed{6}$ $s(\Delta, f) = \dfrac{15}{2}$, $S(\Delta, f) = 33$

関連図書

[1] H. Anton, I. Bivens, S. Davis（井川満ほか訳）：『微積分学講義 下』，京都大学学術出版会，2013.

[2] 新井仁之：『正則関数』，共立出版，2018.

[3] 桂田祐史，佐藤篤之：『力のつく微分積分 II』，共立出版，2008.

[4] 金子　晃：『数理系のための基礎と応用 微分積分 II』，サイエンス社，2001.

[5] 川平友規：『微分積分』，日本評論社，2015.

[6] 黒田成俊：『微分積分』，共立出版，2002.

[7] 國分雅敏：『ウォーミングアップ微分幾何』，共立出版，2015.

[8] 小平邦彦：『解析入門 III, IV』，岩波書店，1976.

[9] 小林昭七：『続 微分積分読本』，裳華房，2001.

[10] 斎藤　毅：『微積分』，東京大学出版会，2013.

[11] 酒井文雄：『大学数学の基礎』，共立出版，2011.

[12] 酒井文雄：『平面代数曲線』，共立出版，2012.

[13] 澤野嘉宏：『早わかりベクトル解析』，共立出版，2014.

[14] 清水勇二：『基礎と応用 ベクトル解析 新訂版』，サイエンス社，2016.

[15] 白岩謙一：『解析学入門』，学術図書出版社，1981.

[16]　杉浦光夫：『解析入門 I, II』，東京大学出版会，1985.

[17]　高木貞治：『解析概論』，岩波書店，1938.

[18]　中根美知代：『$\varepsilon - \delta$ 論法とその形成』，共立出版，2010.

[19]　難波　誠：『微分積分学』，裳華房，1996.

[20]　E. ハイラー，G. ワナー（蟹江幸博訳）：『解析教程 下』，シュプリンガー・フェアラーク，1997.

[21]　一松　信：『解析学序説 下巻』，裳華房，1963.

[22]　一松　信：『多変数の微分積分学』，現代数学社，2011.

[23]　藤原松三郎（浦川肇ほか編）：『微分積分学 I, II』，内田老鶴圃，2016.

[24]　宮島静雄：『微分積分学 II』，共立出版，2003.

[25]　宮島静雄：『微分積分学としてのベクトル解析』，共立出版，2007.

[26]　S. Dineen: *"Multivariate Calculus and Geometry (3rd Edition)"*, Springer, 2014.

[27]　S. R. Ghorpade and B. V. Limaye: *"A Course in Multivariable Calculus and Analysis"*, Springer, 2009.

[28]　P. D. Lax and M. S. Terell: *"Multivariable Calculus with Applications"*, Springer, 2017.

[29]　C. C. Pugh: *"Real Mathematical Analysis"*, Springer, 2002.

[30]　V. Rovenski: *"Geometry of Curves and Surfaces with MAPLE"*, Birkhäuser, 2000.

索　引

■ あ _____

r 階偏導関数　　32
アフィン変換　　62, 94
アルキメデス　　107
アルキメデスらせん　　109
鞍点　　43, 45, 47
一様連続　　154, 156-158, 167
陰関数　　50, 55
陰関数定理　　51
陰関数表示　　131
上に有界　　146
n 次元空間　　12

■ か _____

開円板　　9, 29, 36, 129
開球　　13
開集合　　9-11, 13, 14, 63
外面積　　164
下界　　146
限りなく近づく　　4
下限　　146
過剰和　　159
カテナリー曲線　　109
カバリエリの原理　　101
加法公式　　84
逆関数定理　　65
境界　　9, 15, 59, 80, 121

境界点　　9
極限　　4, 114, 144
極限の性質　　6
極座標　　28, 89
極小　　44
極小値　　47
極大　　44
極大値　　44, 47
極値　　44
極値判定法　　47
極値問題　　43, 45
距離　　4, 18, 172
空間極座標　　38, 102
空間曲線　　113
空集合　　10
区分的になめらかな曲線　　111
グラフ　　2
グリーンの定理　　122
厳密な定義　　4, 12, 71, 144
広義積分　　95
広義積分可能　　99
合成関数の微分公式　　27
合成関数の偏微分公式　　28
勾配ベクトル　　31
勾配ベクトル場　　31, 126, 128
コーシー・シュワルツ不等式
　　68

弧状連結　　150

■ さ ───────────

サイクロイド曲線　　109
最小値　　59
最大値　　59
最大値・最小値の存在定理　　10,
　　152
細分　　160, 162
3 重積分　　100
3 変数関数　　37
C^r 級関数　　32
C^1 級関数　　23
C^1 級写像　　62
下に有界　　146
実数の基本性質　　146
実数の連続性　　143
始点　　150
C^∞ 級関数　　32
斜円柱　　131
重積分　　71
重積分の性質　　73
収束　　4, 12, 71, 144, 145
終点　　150
上界　　146
上限　　146-148, 153, 164
正則条件　　108, 134
正の向き　　121
積分可能　　71, 80, 165
接線　　53
接平面　　23, 134
接ベクトル　　110
零集合　　77, 78, 84, 88, 112
線積分　　117, 119, 127
全微分可能　　22

■ た ───────────

体積　　100
体積確定　　100
代表点　　70
楕円積分　　116
楕円面　　133
縦線集合　　81, 122
ダルブー積分可能　　163, 165
ダルブーの定理　　164
単調減少　　147
単調増加　　147
中間値の定理　　52, 149, 151
つるまき線　　113
定義域　　2
テイラー展開　　36
停留点　　45
等高線グラフ　　2
等位面　　37
特異点　　54
トーラス　　138

■ な ───────────

内積　　39
内点　　9
内部　　9
内面積　　164
長さ　　39, 114
なめらかな曲線　　112
なめらかな曲面　　134
2 次曲面　　132
2 次のテイラー展開　　37
2 重積分　　71
2 変数関数　　1

■ は ───────────

ハイポサイクロイド曲線　　115
はさみうちの原理　　144

パラメータ表示　131
表面積　136
不足和　159
部分列　147
閉曲線　108
平均値の定理　29, 158
閉集合　10, 14, 145
閉包　15
ベクトル積　39
ベクトル場　126
ヘリックス　113
変数変換公式　90
偏導関数　20
偏微分　20
方向微分　30
法線ベクトル　25, 132
補集合　9
保存場　126, 129
ボルツァーノ・ワイエルシュトラ
　　スの定理　148, 149

■ま
道　150
向き　108
面積確定　87
面積公式　124

■や
ヤコビ行列　62
ヤコビ行列式　62
有界　10, 72, 146
横線集合　81

■ら
ラグランジュ乗数　55
ラグランジュ乗数法　55
リサジュー曲線　109, 125
リーマン和　70
累次積分の公式　75, 81, 100
レムニスケート曲線　67
連続　8, 149, 152, 168
連続関数　74, 80, 149, 167
連続写像　11

〈著者紹介〉

酒井　文雄（さかい　ふみお）

略　　歴
1948 年　愛媛県生まれ
1974 年　東京大学大学院理学系研究科博士課程退学
　　　　　埼玉大学大学院理工学研究科教授を経て,
現　　在　埼玉大学名誉教授, 理学博士

著　　書
『環と体の理論』（21 世紀の数学 8), 共立出版, 1997.
『大学数学の基礎』（数学のかんどころ 4), 共立出版, 2011.
『平面代数曲線』（数学のかんどころ 12), 共立出版, 2012.

数学のかんどころ 38

多変数の微積分

(*Multivariable Calculus*)

2020 年 7 月 15 日　初版 1 刷発行

著　者　酒井文雄　ⓒ 2020

発行者　南條光章

発行所　**共立出版株式会社**

〒112-0006
東京都文京区小日向 4-6-19
電話番号　03-3947-2511 （代表）
振替口座　00110-2-57035

共立出版（株）ホームページ
www.kyoritsu-pub.co.jp

印　刷　大日本法令印刷

製　本　協栄製本

一般社団法人
自然科学書協会
会員

検印廃止
NDC 413.3

ISBN 978-4-320-11391-6

Printed in Japan